高等院校"十三五"应用型艺术设计教育系列规划教材

现代新型实用女装领型纸样设计

主 编 张中启

合肥工业大学出版社

内 容 简 介

领型是现代女装中的重要设计部位，领型纸样设计是实现现代女装衣领从立体到平面转换的重要途径。本书从衣领基础知识、无领纸样设计、立领纸样设计、坦领纸样设计、翻领纸样设计、翻驳领纸样设计、结带领纸样设计、帽领纸样设计八大知识模块，系统讲述具有代表性的现代女装领型纸样设计原理和技巧，让读者在很短的时间内快速准确地掌握不同现代女装领型纸样。本书注重理论与实践结合，图文并茂，通俗易懂，可操作性强，可供服装专业师生、服装技术人员及服装爱好者自学参考，也可作为女装纸样设计师的培训教材。

图书在版编目（CIP）数据

现代新型实用女装领型纸样设计/张中启主编. —合肥：合肥工业大学出版社，2017.5
ISBN 978-7-5650-3361-2

Ⅰ.①现… Ⅱ.①张… Ⅲ.①女服—衣领—纸样设计 Ⅳ.①TS941.717

中国版本图书馆CIP数据核字（2017）第126105号

现代新型实用女装领型纸样设计

张中启　主编　　　　　　　　责任编辑　石金桃　王　磊

出　版	合肥工业大学出版社	版　次	2017年5月第1版
地　址	合肥市屯溪路193号	印　次	2017年6月第1次印刷
邮　编	230009	开　本	889毫米×1194毫米　1/16
电　话	艺术编辑部：0551-62903120	印　张	7
	市场营销部：0551-62903198	字　数	218千字
网　址	www.hfutpress.com.cn	印　刷	安徽联众印刷有限公司
E-mail	hfutpress@163.com	发　行	全国新华书店

ISBN 978-7-5650-3361-2　　　　　　　　　　　定价：48.00元

如果有影响阅读的印装质量问题，请与出版社市场营销部联系调换。

现代女装是由衣领、衣袖、衣身三部分组成，领型是女装中的重要部位，领型在整个现代女装中起着画龙点睛的作用。领型纸样是实现衣领立体造型转换为平面造型的重要手段，是实现设计师意图的重要手段。现代女装在追求实用性的同时，更加注重时尚性和美观性，因此领型纸样设计在整个女装纸样中居于关键性的地位。

本书是编者多年来的研究与教学实践总结，通过对不同领型纸样设计原理进行系统论述，并配以大量女装衣领款式图和纸样设计图进行实践练习，力求读者在很短的时间内熟练掌握不同女装领型的纸样设计技巧，并能根据女装设计师的设计意图，快速准确地制作出所需领型纸样。

本书的写作与统稿工作由泰山学院张中启完成，全书的服装结构图由张中启绘制。感谢泰山学院董宁、赵胜男两位老师参与服装纸样设计图的描图工作，感谢马倩同学参与效果图的绘制工作。

本书在编写过程中引用和参阅了国内外相关书籍，有些图片和文字由于时间原因未能一一注明出处及作者，在此向这些作者表达最诚挚的谢意。因编者水平有限，对于本书存在的问题和不妥之处，恳请同仁、专家及广大读者批评指正。

张中启

2017年5月于泰安

1

第一章　衣领概述

　　领子是女装整体造型中最重要的组成部分，它又是连接头部与身体的视觉中心，在很大程度上表现着现代成品女装的美观及外在质量。领子在现代女装中虽然占有率不大，但部位重要，作用甚大，领子可谓起到了"绿叶衬红花"的作用。自古以来，在女装设计中，女装设计师十分重视领子式样、花纹和色彩。纵观服装发展史，领子从最初的以保护人体的颈部为主要的自然功能，演变为以装饰颈部为主，保护颈部为辅的装饰功能。服装设计师都在领子的设计上绞尽脑汁，使领子在现代女装上起到画龙点睛的作用，故领子在现代女装中的位置是举足轻重的，难怪有人称领子为脸面的镜框。

　　领型结构分领窝部位和领身部位两部分，大部分衣领结构包括领窝和领身两部分，少数衣领只以领窝部位为全部结构。分析各种衣领内部结构，掌握衣领构造设计方法，是现代女装成衣纸样设计的重要内容。

一、领型分类

　　现代女装领子款式虽十分丰富，但总的可分成无领和有领两大类。仅仅只有领线而无领子的即是无领类；在领线上装有各种不同形式的领子的即构成了有领类。有领类又可分为立领、坦领、翻领、翻驳领、结带领、帽领。

　　无领是由领口的不同形状与外观构成的领型（见图1-1）。

图1-1　无领女装

立领是在领口上加装了完全竖立的衣领（见图1-2）。

坦领是在领口上加装了完全翻倒于衣身上的衣领（见图1-3）。

翻领是在领口上加装了由翻倒的领面与直立的底领共同构成的衣领（见图1-4）。

翻驳领是由翻领与前衣身的一部分驳领共同构成的衣领（见图1-5）。

结带领是由飘带或蝴蝶结与其他领型组合成的衣领（见图1-6）。

帽领是在领口上加装风帽的领型（见图1-7）。

图1-2　立领女装

图1-3　坦领女装

图1-4　翻领女装

图1—5 翻驳领女装

图1—6 结带领女装

图1—7 帽领女装

二、衣领裁剪方法

裁剪是款式设计进一步完善和具体化的过程，是使造型构思转变为制作成果的中间环节。裁剪属于纸样设计的范畴，现代女装衣领的裁剪方法通常有平面裁剪和立体裁剪两种。

1. 平面裁剪法

用平面裁剪法来绘制领片是现代女装中最常用的方法。它通过一定的制图步骤或运用纸样切展来配领，简易快捷，适合裁剪普通女装衣领的式样。

（1）领片单独绘制法

领片单独绘制法常用于立领、翻领定型款式的裁剪，如合体立领。它采用领片下端的起翘量来表达领型的结构条件，起翘越大，领片弯度越大。

（2）与衣身前片领口相连绘制

与衣身前片领口相连绘制常用于各种规范的翻驳领，有时也用于翻领纸样设计。它采用领片向后的倒伏量来表达领型的结构条件，倒伏量越大，领片松度就越大。

（3）前后肩缝重叠法

前后肩缝重叠法是在前后重叠的衣片上，参照前后领口线进行绘制，常用于较低领座的坦领。它利用领片底线与领口线的曲度差异来达到配领目的。前后衣片两肩部分重叠量越大，领口线的曲率越小，参照此时的领口线绘制出领片。在实际组装中，因领口线的实际曲率远远大于领片底线的曲率，从而使领口与领片之间产生牵拉力，促使领片自然形成微隆的底领部分。

（4）纸样切展法

纸样切展法是通过对纸样的切割、展开、变形、修正来完成纸样设计过程。这种方法常用于各种波浪领、褶皱领等形态较为特殊的衣领造型，手法灵活科学。

2. 立体裁剪法

立体裁剪是创造现代女装衣领式样的另一种很有特色的方法。它是根据女性颈部形态，用布料直接在人模或人体上进行衣领造型并裁剪，具有按设计意图造型，并可直接观察配领效果的优点。它是目前用来解决各种复杂领型的理想方法，特殊衣领款式尤宜采用。

三、领型设计方法

现代女装衣领设计方法千变万化，最基本的不外乎仿生设计、抽象设计和自由设计三种方法。

1. 仿生设计

仿生设计是从自然界中的具体事物获得启发而进行构思的创作设计，如常见的燕尾领、青果领、蝴蝶领等均属仿生设计（见图1-8）。这种方法直观简易，只要依据具体事物的外观形态，稍做变化，即可创造出生动新颖的衣领造型。许多美好事物的原型，由此成为衣领多样化设计取之不竭的灵感源泉。例如，当我们见到荷塘中碧绿的荷叶，由此得到启发而进行仿生设计，即可创造出随意、优雅的荷叶领，搭配在夏季女式连衣裙上，独具风格。

2. 抽象设计

抽象设计是直接运用各种几何形态进行款式构思的设计，如众多的方领、尖领、圆领等均属此类（见图1-9）。运用这种方法设计出的衣领落落大方，几何韵味和时代感强烈。法国时装大师皮尔·卡丹，即是一位非常擅于运用抽象设计的高手，他的作品风格简洁前卫，与众不同。

3. 自由设计

自由设计是一种没有固定模式，随兴进行构思新款式的设计方法，如各种飘荡领、褶皱领、多层领等均采用自由设计（见图1-10）。采用此法设计衣领，多通过立体裁剪来造型，手法灵活多变，常用于形态比较随意的款式。

图1-8　仿生设计女装

图1-9　抽象设计女装

图1-10　自由设计女装

四、领型设计原则

1. 应与服饰穿着者相结合

千人千面，万人万样。人的脸型方圆尖长差异很大，体型高矮胖瘦各不相同，年龄上少壮老迈亦有变化，加之有些人还有某种生理缺陷需要通过衣领的变化来掩饰、弥补。现代女装衣领的式样应充分考虑穿着者的个性特点，因人而异，使之起到良好的效果。在进行现代女装设计中，可巧妙运用视错原理，避免同类线条轮廓的反复出现。如用简洁的具有横向感的一字领衬托椭圆脸型，用大方的圆翻领缓和三角形脸的瘦削和尖刻。除了关注脸形外，衣领的式样还应特别注意与脖子的谐调，如果让胖脸短颈的人穿小立领，让长脸瘦颈的人穿V字领，就会有一种扬短抑长的感觉了。

2. 应与女装的整体风格协调

现代女装风格有典雅庄重与活泼轻松之别，若把造型活泼的衣领，匹配到风格庄重的现代女装上，会让人感到极不和谐。现代女装多突出变化多姿，以表现高雅秀丽。

3. 确保裁剪与制作能够顺利进行

裁剪即是对设计的款式进行结构上的合理分解，剪切出可供缝制的衣片；制作即是对衣片进行合理有效的组合，最终达到服装成型之目的。裁剪与制作工艺是实现现代女装设计理念的技术保障。在进行现代女装衣领款式设计时，应考虑工艺的可行性，构思出来的款式，应该能够进行实际的结构裁剪和制作成型，否则就是一种毫无意义的空洞设计。

4. 运用艺术形式美原理

服装设计是造型艺术，与别的造型艺术一样，它的原型应该是美的。其他艺术的形式美原理，同样适用于现代女装设计，更适用于现代女装的衣领设计。设计一款衣领，首先应观察它所占据整个女装的比例是否匀称适度，以及衣领本身各处之间的组合比例，是否具有美感。运用节奏美的原理可以设计出形式活泼的多层次领；运用对比美的原理可以设计出不对称领。另外，衣领的款式还应与现代女装的袖子、口袋等部位保持风格上的呼应。形式上可以没有一个固定模式，只要设计的衣领与整个女装风格，与穿衣人之间搭配和谐，尽可以大胆创新。

5. 遵循实用性与装饰性

衣领对颈部有着十分重要的保护作用，但随着时代的发展，现代女装设计越来越追求美感效果，衣领的自然功能逐渐降至次要地位，其装饰性已成为衣领设计的主要着眼点。成功的设计，在充分考虑实用性的同时又能努力创造出美的原则，若两者顾此失彼，都是不可取的。

6. 顺应女装流行趋势

女装衣领是现代女装中最引人注目、最能传神的关键部位，它在现代女装的流行中起到举足轻重的作用。现代女装衣领的款式设计应及时顺应流行的潮流，不断推陈出新。人的着装与时代合拍，才会具有魅力。具体设计时，只有综合考虑时代的要求，才能创造出真正具有强烈时代美感的女装衣领款式。另外，在大批量的成衣生产中，设计者更应在近期的流行趋势中，寻找创作的素材，顺应流行，引导流行，才能使女装企业的产品拥有广阔的销售市场。

五、衣领工艺技法

现代女装制作的工艺技法是实现现代女装形式美的要素之一。对于女装设计师来说，精通各种现代女装衣领工艺技法尤为重要。现代女装衣领主要有熨烫归拔、缉明线、镶拼包滚、抽褶打裥、装饰刺绣、镂空编织6种形式。

1. 熨烫归拔

熨烫归拔是现代女装衣领中最基本的成型手段。织物具有弹性、热可塑性，在制作过程中，运用此法能使平面的衣领裁片转换成具有立体感的造型。例如，现代女装翻驳领通过归拔工艺，归缩领片中部，稍拔领片的外围与下部，使成型的衣领与脖颈更加贴合，效果美观自然。

2. 缉明线

缉明线是一种最常用、最简易的装饰手法，它能美化衣领的外观效果，同时增加牢固度（见图1-11）。明线有宽窄之分，用线也有粗细之别，通常冬季女装衣领的明线较为宽大，夏季衣领的明线较为细窄。

3. 镶拼包滚

镶拼即是用花边、织带、皮革甚至动物毛皮等装饰材料，镶缝在现代女装衣领边缘上，也可采取不同颜色、图案或质地的面料进行组合拼接；包滚即是用细条包在衣领的边缘部位，又分夹牙和包边两种形式，用料宽度较窄，颜色和质地与面料相同、相近或呈现对比（见图1–12）。这是一种传统的装饰技艺，可用于各种现代女装。

图1–11　缉明线女装

图1–12　镶拼包滚女装

4. 抽褶打裥

褶是无规律的褶皱，随意优雅；裥是一种有规律的打褶方式，相对规范。对布料进行抽褶打裥，是现代女装衣领设计中运用非常广泛的一种手法（见图1－13）。它会使平淡无奇的造型产生崭新的视觉效果，常运用于夏季女装衣领的设计制作，尤其采用轻薄柔软的面料效果最佳。

5. 装饰刺绣

刺绣有手绣和机绣两种形式。刺绣是采用丝线或亮珠等在面料上绣出一定的图案来增加装饰的美感（见图1－14）。现代女装衣领上采用刺绣作装饰就会产生雅致感和豪华感，能大大增加现代女装的审美价值和经济价值。刺绣的手法多种多样，风格也各具特色，如刺绣、白绣、补绣、雕绣和珠绣等。珠绣的晚礼服、婚礼服的衣领部位，气派非凡，尽显华贵。

图1－13　抽褶打裥女装

图1－14　刺绣女装

6. 镂空编织

　　镂空编织是在材料上挖洞或镂空编织，也可抽出织物部分经纱或纬纱，让材料有意出现一些空洞，肌理产生变化（见图1－15）。镂空的部位还可用透明的材料或珠子连接，形成虚实相间的视觉效果。这种方法运用到现代女装的衣领上，有些能给人以粗犷的感觉。当然，在运用这一技巧时，同时要注意比例美，镂空部分与未变化部分之间应有适当的面积差，仍然要符合美的比例。

图1－15　镂空编织女装

2

第二章　无领纸样设计

一、无领特点

　　无领式结构多用于夏季或春秋季女装，有穿着舒适、颈部活动自如的特点。由于这种领型受颈部的制约因素较少，因而可以根据现代女装款式特点作随心所欲的变化，在形式上不拘一格。领围周围还可以采用各种装饰手段进行变化，如拼色、绲边、刺绣、花边、镂空等。这种领型在设计时应力求使颈部与部分胸部袒露，从视觉上造成颈部的修长感，以增加穿着者的魅力。

二、无领分类

1. 圆形领

　　圆形领是领口呈圆形的无领的统称（见图2-1）。以女装原型的领口作为圆形领的基本廓形，由于其形状符合头颈根的自然造型，给人以舒适感，所以多用于套头式女士服装。如果进一步扩大领口，设计成较大开度的圆形领口，则更随意自然，可用于连衣裙等夏季女装。

图2-1　圆形领女装

2. V形领

V形领的廓形特征是领口在前中心线处形成的夹角呈V字形（见图2-2）。浅而宽的V形领显出柔和的动感，常配用于运动装和连衣裙。深而宽的V形领被认为是开放的领型，适用于晚装及晚礼服。背心套装及外套所采用的V形领呈现出庄重而柔和的风格，一般仅利用领口深度和门襟的变化来达到不同的造型，领宽保持基本纸样的领宽。

3. U形领

U形领的廓形特征是领口两侧近似直线向下开深，在下侧由圆角过渡为弧线，形成在前中心线左右对称的U字形（见图2-3）。U形领领口宽一般在肩线中点附近，而领深在前颈点至胸围线之间变化，因而属于前胸较袒露的领型，浅U形领多用于女士背心和连衣裙，深U形领多用于晚礼服。

图2-2　V形领女装

图2-3　U形领女装

4. 方形领

方形领的廓形特征是领口呈四角形，在效果上能表现出颈部的平缓曲线，是具有女装风格的领型（见图2-4）。方形领一般采用中等范围的领口开度，宽度在侧颈点与肩线中点之间，深度在前颈点与胸罩廓线之间，因而也比较适用于中等松度较为合体的现代女装，如连衣裙、外套及背心等。方形缩褶领一般在领口两侧或前领口处作缩褶，仍保持方角造型不变。

5. 船形领

船形领的廓形特征是领口横向开度较大，纵向开度较小而呈椭圆形，可以看作是由圆形领演变而来（见图2-5）。船形领的前领深一般与原型差异不大，而领宽可到达肩点附近，因而可使颈部无压迫感而活动自如。船形领更多地用在女士针织运动衣或丝绸类柔软面料的夏季便装上。为了增加其现代感，后领深可大于前领深。如果前领深很小，使前颈点与颈侧点位于同一水平线上，这种领型则演变为一字领，在女士针织便装上配用较为多见，也用于女士礼服。

图2-4 方形领女装

图2-5 船形领女装

6. 露肩领

　　露肩领是胸部以上完全袒露的无领廓形的统称，实际上露肩领的领口已不存在，而是以胸围线的变化作为设计的重点，由于露肩领极为开放，性感十足，所以成为晚礼服常用的领型（见图2—6）。露肩领女装由于失去肩部的支撑而容易下坠滑脱，因而采用弹性的面料（针织）做贴体设计比较适宜，成衣的胸围尺寸稍小或等于净体胸围尺寸，在用原型进行纸样设计时，要去掉加放的基本松度。如果采用弹性较小的机织面料制作时，则需适当加放必要的松度，以减小胸部的压迫感，同时也可在肩部加装吊带以防脱落。如果后衣身领口深度开至胸围线以下，而前身领口则要从胸部向上延伸形成后领口贴边，这种领型称其为轭圈领。

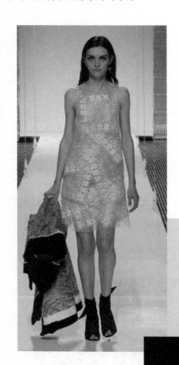

图2—6　露肩领女装

7. 异形领

异形领的领口为各种几何形，它是具有标新立异感觉的领型，较多用于女士时装（见图2－7）。在进行现代女装设计时，异形领的领口形状往往要与衣身分割线及袋口线等相协调，以左右对称的廓形为主，如漏斗领、五角领、花边领等。

图2—7　异形领女装

三、无领领型设计原则

领型的设计要结合人体的体型、脸型、颈部的长短和粗细等因素。通过领型设计，对人体体型做到扬长避短，以达到美化人体的目的。

1. 领型与脸型

领型是服装与脸最接近的部位，领子周围的线条及领子的形状对脸型的影响很大，所以，现代女装的无领设计非常讲究。一般情况下，对于颈长、脸长的瘦削者，采用领口位置高、领口线呈水平状态的无领款式，能让人显得颈短一些，脸宽一些；反之，对于颈短、丰腴的圆脸者，采用领口位置低、领口线呈下垂状的无领款式。此外，现代女装无领领口线的形状，对脸部也有很大影响。在通常情况下，领口线为弧线、曲线、水平直线或呈钝角的斜线，适合偏长、偏方、偏尖的脸型；而领口线为方形的直线或呈锐角的斜线，适合偏圆的脸型。

2. 领型与颈部

领型与颈部的关系非常密切，衣领位于人体的颈部周围，而颈是躯干与头部的连接体，位于躯干两肩之间正中的位置。人的颈部有长有短，在设计现代女装无领领型时，对于颈部较长的，前领口应开得浅些，进而减弱颈部的修长感；对于颈部较短的，前领口应开深些，以增加颈部的延伸度；对于颈前倾者，根据正中线，领口也要前移，不然的话，后背会翘起来；对于运动服装，领口要适当后移，前领窝开浅，后领口开深，衣服就不会前翘。

四、无领领口形状及领口开度设计

1. 无领领口形状设计

无领领型的变化取决于领口的形状与开度。领口的形状在设计中自由度比较大，它可以设计成我们所能想象到的任何一种形状。通常采用较多的是以前中心线为对称轴，左右对称的领型，以求得造型上的平衡美。为了强调服装结构线的装饰美，在衣片上进行直线或曲线的分割时，领口的形状必须服从形式美的和谐与多样性统一的规律，使领口与衣片分割线的形状达到局部与整体的协调。例如采用直线分割衣片时配以直线构成的几何形领口，能够显示简洁的阳刚之气；采用曲线分割的衣片，配以曲线形领口，能够显出细腻柔和的造型风格；直线与曲线组合分割，可以赋予衣身很强的装饰性。领口需要根据造型的主次关系来确定最佳的形状，至少要使领口的一部分与衣身主要的分割线廓型相似。

2. 无领领口开度设计

无领服装是所有只有领口而无须加装衣领的服装的统称，其领口开度既受现代女装流行趋势的影响，又受现代女装款式的制约。女装原型的领口开度尺寸是无领款式的领口最小极限尺寸。当增大领口开度时，必须遵循的原则是，领口不能超过内穿胸罩的外廓线。因此，无领领口的前领口变化范围应在基本领口线与胸罩外廓线之间，后领口则在腰围线以上的范围内变化。为了保证领口造型的稳定，横开领应避开肩点3~5cm。一般晚礼服或用弹性面料制作的紧身服，横开领较大，甚至超过肩点而成为露肩的款式。女士套装及背心的横开领必须在肩点以内，如果横开领较小，而采用增加领口纵向开度的设计时，必须考虑前后领口的互补，以保持肩部的稳定。当领口开至腰围线以下，并偏离前中线时，无领服装则成为开襟的款式。

五、无领设计方法

现代女装无领结构的变化形式很多，在设计方法上大体有以下三种类型。

1. 对直开领作不同程度的增量处理

横开领与人体颈部相吻合，而对直开领作不同程度的增量处理，并利用直线、曲线、折线、波浪线等构成不同形状的领圈。直开领增量的最大值一般为10～25cm，超过此限度时，要考虑增加附件，以免胸部暴露过大（见图2-8）。

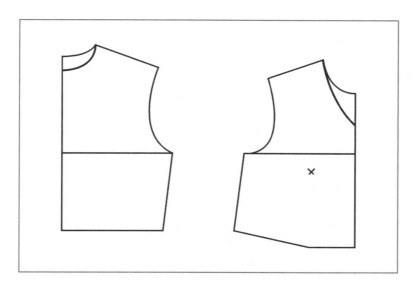

图2-8　横开领不变直开领变化的无领设计

2. 对横开领作不同程度的增量处理

直开领与人体颈部相吻合，而对横开领作不同程度的增量处理，并通过改变领圈线的形状而产生新的视觉效果。横开领的宽度一般为10～18cm，大于18cm时应考虑增加吊带，否则会因横开领过大而易脱落（见图2-9）。

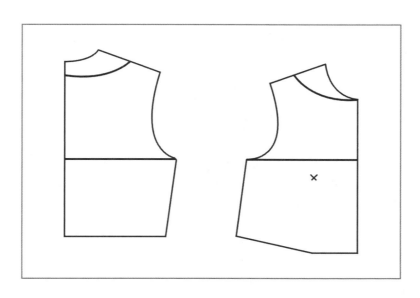

图2-9　横开领变化直开领不变的无领设计

3. 对直开领与横开领作不同程度的增量处理

结合不同线型的视觉效果，实现无领式结构的多样化的设计。设计参数直开领为10~20cm，横开领为10~18cm（见图2－10）。

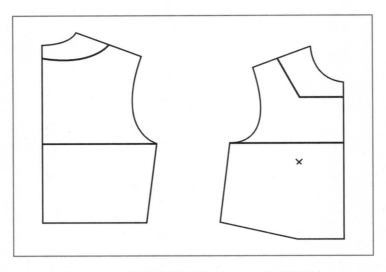

图2－10　直开领横开领同时发生变化的无领设计

现代女装无领式结构的纸样设计，可以按照先绘制女装基本原型，后作变化形的程序进行绘制，不强求一步到位。即先根据女性人体体型，绘制出女装原型；然后，再根据无领造型在女装原型领窝的基础上，分别调整直开领与横开领的值；最后绘制出体现造型的领圈弧线（见图2－11中实线部分）。采用这种方法需要对女装原型领窝在人体上的对应位置比较熟悉，在进行加放时能做到心中有数；横开领增大时，可在肩线上直接扩展，肩线的斜度不会因此而改变。

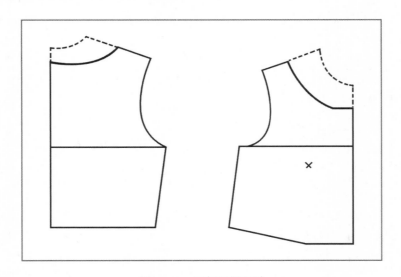

图2－11　无领纸样设计

此外，无领式结构的设计，还要根据款式的特点及特定的穿着要求，选择开口的位置与形式，如前部开口、后部开口、肩部开口、对称或不对称部位的开口等，尤其是套头式领圈，凡是领圈围度小于60cm的都要设置开口。

六、无领纸样设计

1. 圆形领纸样设计

圆形领纸样设计如图2－12所示。

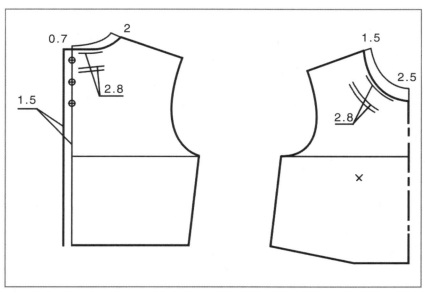

图2－12　圆形领纸样设计

2. V形领纸样设计

V形领纸样设计如图2－13所示。

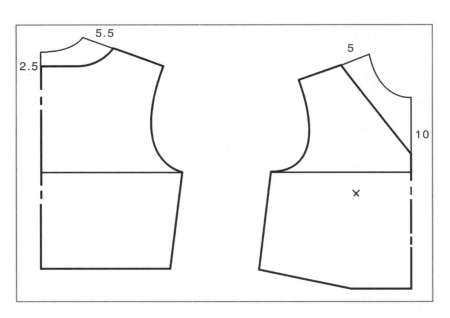

图2－13　V形领纸样设计

3. U形领纸样设计

U形领纸样设计如图2－14所示。

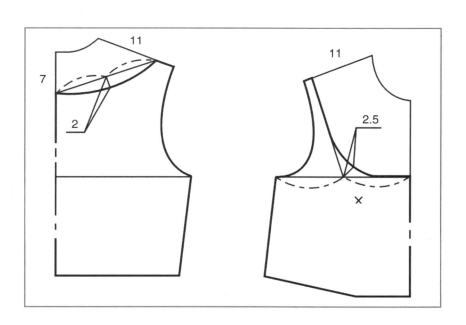

图2－14　U形领纸样设计

4. 方形领纸样设计

方形领纸样设计如图2－15所示。

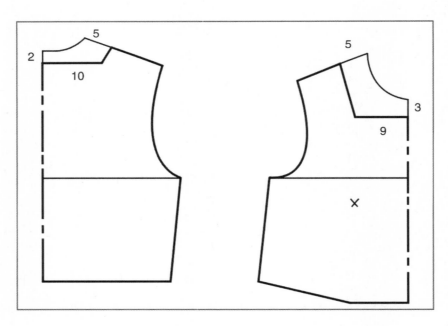

图2－15　方形领纸样设计

5. 船形领纸样设计

船形领纸样设计如图2-16所示。

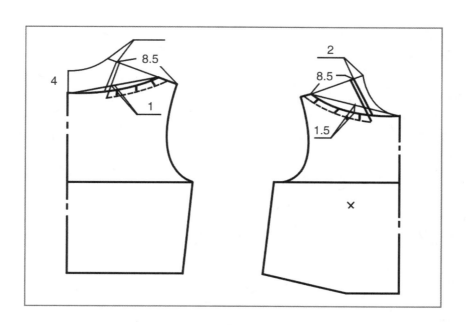

图2-16　船形领纸样设计

6. 一字领纸样设计

一字领纸样设计如图2－17所示。

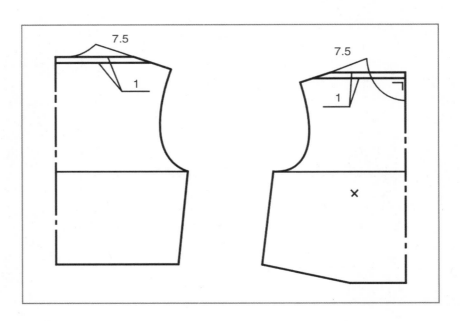

图2－17 一字领纸样设计

7. 露肩领纸样设计

露肩领纸样设计如图2-18所示。

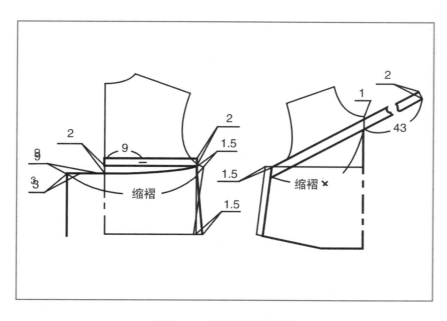

图2-18　露肩领纸样设计

8. 异形领纸样设计

异形领纸样设计如图2−19所示。

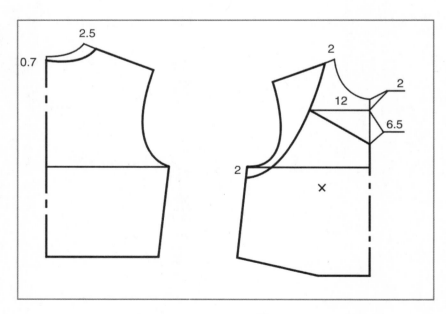

图2−19　异形领纸样设计

9. 漏斗领纸样设计

漏斗领纸样设计如图2-20所示。

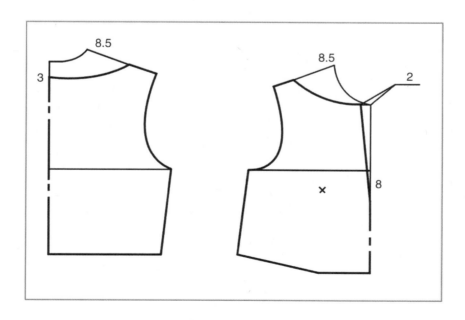

图2-20　漏斗领纸样设计

10. 花边领纸样设计

花边领纸样设计如图2-21所示。

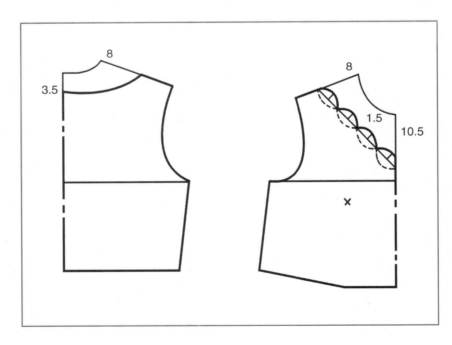

图2-21　花边领纸样设计

11. 钥匙孔领纸样设计

钥匙孔领纸样设计如图2-22所示。

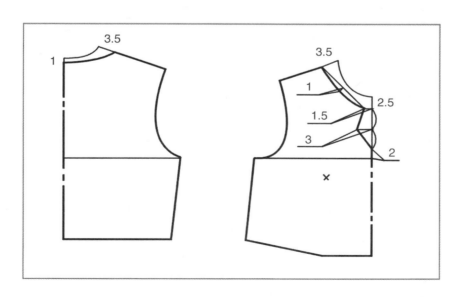

图2-22　钥匙孔领纸样设计

12. 五角领纸样设计

五角领纸样设计如图2－23所示。

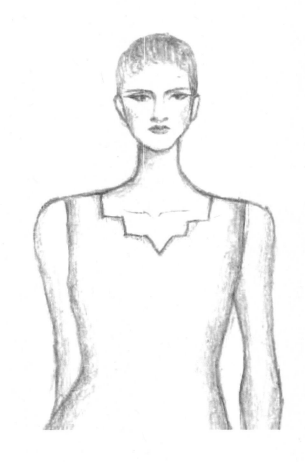

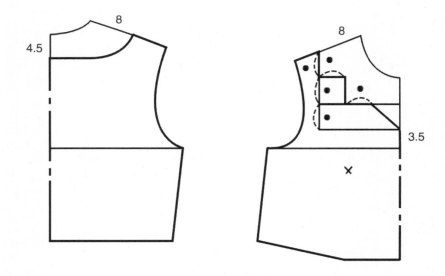

图2－23　五角领纸样设计

3

第三章　立领纸样设计

一、立领特点

立领是指单独直立状的领型，它只有底领而没有翻领部分，其造型简洁，实用性强，因而成为现代女装中常见的一种领型。立领造型别致，立体感强，具有端庄、严谨的特征，能体现东方女性的稳重。立领中的结构线主要有领上口线、领下口线。领下口线是指立领与衣身领圈相接处的结构线，对应的围度称为领下口线围度。领上口线是指立领上口围的结构线，对应的围度称为领上口线围度。立领高是指领上口线到领下口线的直线距离。

二、立领各部位线条名称

现代女装立领各部位线条名称如图3-1所示。

三、立领分类

1. 按外观效果分类

现代女装立领按外观效果的不同，分为三种基本的形态，即直角立领、钝角立领和锐角立领。

（1）直角立领

直角立领也称直立领，是指与颈根围截面呈90°的立领（见图3-2）。领上口线和领下口线基本平行，领下口线和人体颈根围长度一样，领上口线偏离人体颈部，没有很好地贴合颈部，这是因为人体的颈部不是一个标准的圆柱体，而是上细下粗的圆台体。直角立领的起翘量为0。

（2）钝角立领

钝角立领（锥形立领）也称合体立领，是指与人体颈根围截面呈钝角的立领（见图3-3）。钝角立领也称为内倾式立领，由于领上口线和领下口线同时向上弯曲，使得两条线的长度产生了差数，即领上口线短于领下口线，领子贴合人体颈部，形成圆台状。钝角立领的起翘量一般为1.5～2.5cm。

图3-1　立领基本结构

图3—2　直角立领女装　　　　　　　　　　　图3—3　钝角立领女装

（3）锐角立领

锐角立领（倒锥形立领）是指与人体颈根围截面呈锐角的立领（见图3－4）。锐角立领也称为外倾式立领，其领上口线比领下口线长，形成倒圆台型，领上口线越长，越向外扩展，远离人体颈部。锐角立领起翘量为负值。

2. 按立领结构分类

现代女装立领按立领结构的不同，分为三种基本的形态，即装缝式立领、连裁式立领和连身立领。

（1）装缝式立领

装缝式立领是将单裁的领片竖立缝合在领圈之上的领型，这种领式立体感强，简单挺拔，会造成人体颈部拉长的感觉（见图3－5）。

（2）连裁式立领

连裁式立领是指立领与部分衣片相连顺着颈部立起的领型，这种领型在设计的时候，可以将省道融进分割线之中。

（3）连身立领

连身立领是指与衣片相连顺着颈部立起的领型，具有清秀端庄的气质，常用于春秋季女装中。连身立领的造型效果主要反映在领边缘角度变化及搭门的装饰（见图3－6）。

图3—4　锐角立领女装

图3—5　装缝式立领女装

图3—6　连身立领女装

四、立领纸样设计影响因素

1. 领高

现代女装立领的高度可以在前颈点至眼睛之间的范围内变化，但是由于对立领造型美观性的需要，领高应大于2cm。套装的立领高度仅限于脖颈长度范围，一般为2~8cm。而冬季外套的立领高度可超过颈部，高度可达15cm左右，此时领口围度必须增大甚至接近于头围尺寸，才能遮挡面部，并保持颈部活动自如。

2. 上领口松度

现代女装立领上领口松度主要取决于领底口线的形态，在领底口线长度不变的情况下，领底口线向上弯曲，领上口围度变小，呈锥形立领结构，领上口围与颈部的间隙变小，这种领型的外观造型较好，但处理不当会影响颈部的活动，在设计时应留有一定的余地。因此，在设计锥形立领时应满足两个基本条件：领上口围度大于或等于颈围；领底口线尺寸等于衣身领口尺寸。当领底口线向下弯曲时，领上口变大，呈倒锥形立领结构，领上口围与颈部的间隙增大，穿着舒适，活动自如，设计中一般与领子的高度同步变化，领子高度越大，领上口线的长度也越大。为了保持倒锥形立领造型的稳定性，必须借助于硬挺度较高的树脂衬等辅料的支撑。

五、立领纸样设计原理

1. 基本立领纸样设计

在影响领子变化的各种因素中，领上口线和领下口线的长度起着关键性的作用，基于此因，对立领的纸样设计方法作如下规范要求，利用此法省略了复杂的计算步骤，易学易记且变化灵活。基本立领纸样设计步骤如下（见图3-7）：

（1）作直线AB=1/2领围，作AB的垂直线AC和BD。

（2）取AC=BD=领高（3~5cm），直线连接CD。

（3）在CD线上取点E，DE=1.5cm，作BE的延长线。DE的取值依据有三种：一是根据设计图上所表现的领子外形，用主观判断的方法直接画出BE的倾斜度，再根据这一斜线完成其他部位的纸样设计，这种方法常用于宽松式立领的纸样设计；二是根据立领的高度，在领上口线所对应的人体部位围量一周加放松量，取其1/2在CD线上直接测出E点的位置；三是由于颈根部与颈中部围度的差数为2.5~3cm，所以对基本立领的纸样设计DE的取值可控制在1.2cm至1.5cm之间。

（4）在AB线上取点F，使BF=1/3AB，过F点作BE的垂直线交点为G。

（5）取 $FG_1 = FB$，过 G_1 点作 BE 的平行线，取 $G_1H = $ 前领高，即 $3 \sim 5cm$。

（6）分别用圆顺的曲线连接 A、F、G_1 和 C、H，即完成基本立领的纸样设计。

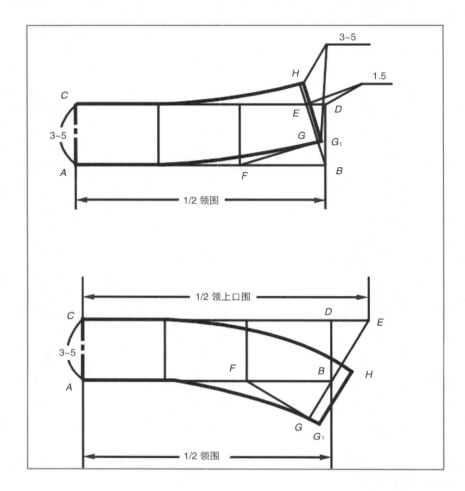

图3—7　基本立领纸样设计

2. 连裁式立领纸样设计

连裁式立领是指领子与衣片相连接的结构形式，通常是将领子的形状与领圈的形状作整体设计，因此立领的纸样设计必须在领圈的基础上绘制，具体纸样设计步骤如下（见图3－8）：

（1）过直开领大点（即前颈点）作 AB 垂直于前中线，取 $AB = 1/2$ 领围。

（2）作 AB 的垂直线 BC 和 AD，取 $BC = AD = $ 领高（$3 \sim 5cm$）。

（3）在 CD 线上取点 E，使 $DE = 1/2$ 领上口围（可根据款式需要任定）。

（4）直线连接 BE 并延长。

（5）过领下口弧线的切点 A_1 作 BE 的垂直线交于 F（将直角三角板的一条直角边与 BE 线重合，沿线上、下移动，使另一条直角边与领口弧线相切）。

（6）$F_1G = BC = $ 领高，$AF_1 = AB$。

（7）直线连接 GD，根据造型需要修正领角，并弧线划顺领下口线 AF_1 和领上口线 DG，中间部位向下弧出 $0.5 \sim 1cm$。

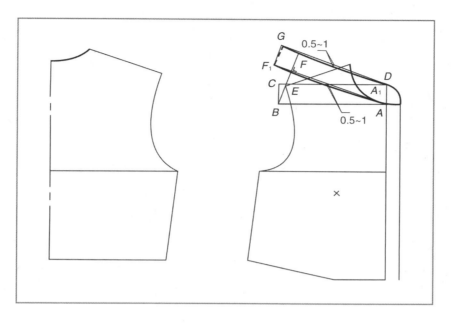

图3-8　基本领窝连裁式立领纸样设计

　　领圈变形后立领的纸样设计，可分为两步来完成：第一步先在基本领圈的基础上完成领子的基本绘制；第二步再对领圈弧线与领下口线作同步变化。操作步骤如下（见图3-9）：

　　（1）过基本领圈的直开领大点作前中线的垂直线 AB，AB 线作为确定领下口线斜度的基准线。第二步再对领圈弧线与领下口线作同步变化。

　　（2）取 $\angle BAF$ 等于立领锥度（立领造型锥度根据造型而定），确定 AF 线，取 AF = 1/2领围。

　　（3）过 F 点作 $GF \perp AF$，取 GF 等于领高（3～5cm），直线连接 GD 并向外延长2cm交于 P 点。

　　（4）过 A 点沿前中线向上取前领高 AD 等于3～5cm，直线连接 GD 并向外延长2cm交于 P 点。

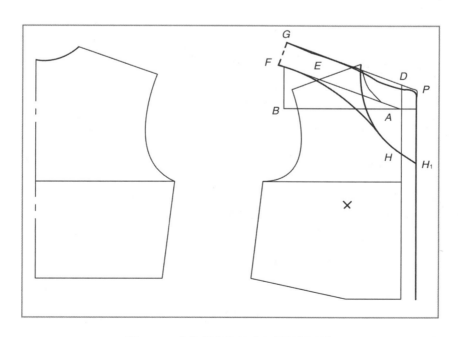

图3-9　变化领窝连裁式立领纸样设计

（5）过A点沿前中线向下取8cm确定H点，然后过H点作领圈弧线交于肩颈点。

（6）过AF的1/3位置弧线划顺F、E、H、H_1，弧线划顺GP中间部位凹进1.5cm，直线连接H_1、P，弧线划顺领角，即完成纸样设计。

3. 连裁式立领结构处理

连裁式立领由于领子与领窝重叠，要完成连裁式立领的纸样设计，必须对连裁式立领进行结构处理。连裁式立领结构处理形式常见的有以下3种形式。

（1）省道设计法

省道设计法是将腋下省（或胸省）与领圈线的交点O与BP点引直线，沿直线剪开至BP点，折叠腋下省（或胸省），肩颈点D随着折叠量的增加而外移，从而使领子与领圈的重叠部分分离开（见图3-10）。腋下省的折叠量要使DD_1之间保持在2cm左右的距离，能够留出领下口线和领圈线的缝份，这是现代女装连裁式立领中常用的结构形式。

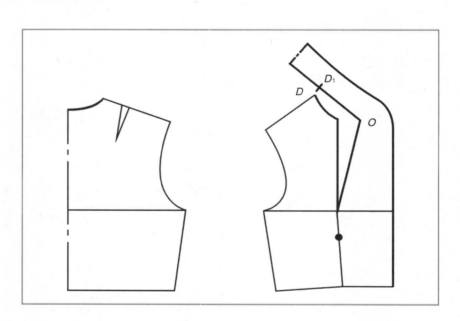

图3-10　省道设计法连裁式立领纸样设计

（2）衣片分割法

衣片分割法是过领下口线与领圈弧线的切点，向衣片的任意方向作任意形状的分割线，这样就将领子与领圈的重叠部分，分解成两个单独的衣片。再将分离出的衣片单独配制或与相关的衣片合并。图3-11所示中是将AB部分合并到后过肩上面。这种处理方法既满足了连裁式衣领的结构需要，又能结合分割线的变化增加现代女装的外观装饰性。

（3）衣领分割法

衣领分割法是将影响前衣片领圈完整的领子部分切开，并取出做单独配制（见图3-12）。领子的前半部分与衣身连成一整体，而后半部分则通过分割形成单独的衣片，解决了重叠问题。把分离出来的领子部分作不同的面料搭配或色彩搭配，又能对外观设计产生一定的帮助。

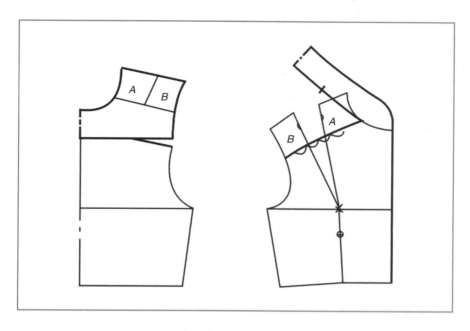

图3—11　衣片分割法连裁式立领纸样设计

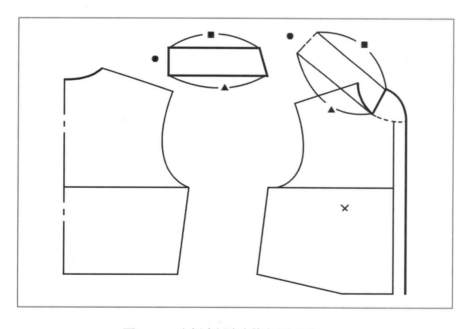

图3—12　衣领分割法连裁式立领纸样设计

4. 连身立领纸样设计

连身立领是在前后衣片上直接向上延伸而形成的，所以会因领上口线缩短而影响穿着，或者会因领上口线压迫颈部而出现外观不平服现象。为了解决这一问题，设计时要适当增加领上口线的长度（见图3—13）。连身立领纸样设计步骤如下：

（1）在前后领圈弧线上（图中虚线为领圈线）分别过肩颈点向上垂直延伸2cm，沿肩线向外延伸2cm，弧线连接延伸点而形成约4cm的立领侧面高度。

（2）在领圈弧线上分别过前、后中点垂直向上延伸3cm，向下延伸1cm，同样形成4cm的立领前、后高度。

（3）分别用弧线划顺领上口线和领下口线。

（4）分别过前、后领上口线的1/2位置向腋下省和肩胛省的省尖连直线，剪开连线至省尖，合并腋下省及肩胛省。

（5）在省线与领上口线的交点处，各向外放出0.3cm，以增加领上口线的长度，按图3-13中所示的形状弧线划顺省线便完成纸样设计。

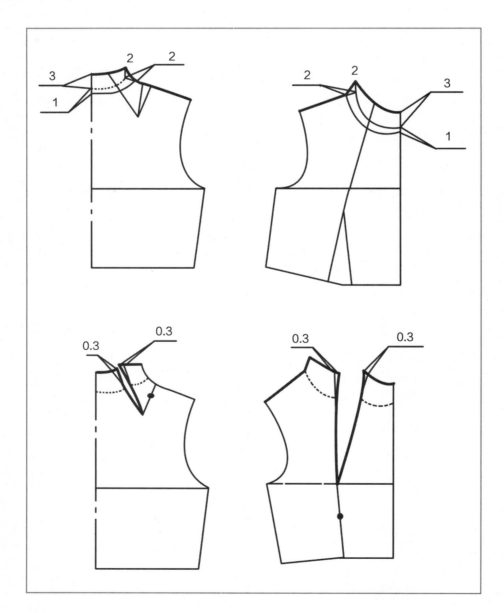

图3-13　连身立领纸样设计

六、立领纸样设计

1. 合体立领纸样设计

合体立领纸样设计如图3－14所示。

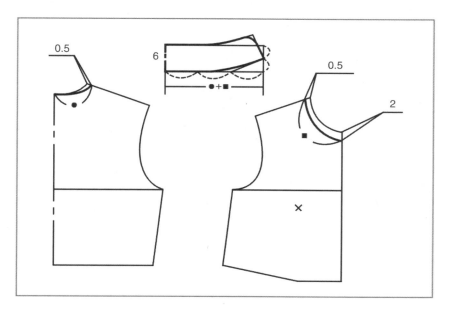

图3－14　合体立领纸样设计

2. 直立领纸样设计

直立领纸样设计如图3－15所示。

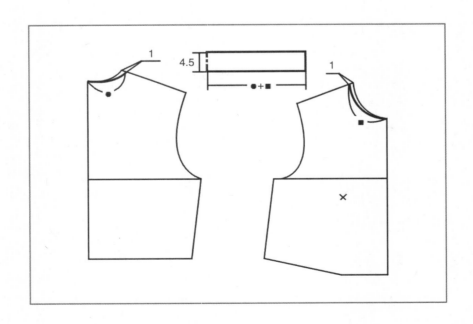

图3—15　直立领纸样设计

3. 凤仙领纸样设计

凤仙领纸样设计如图3－16所示。

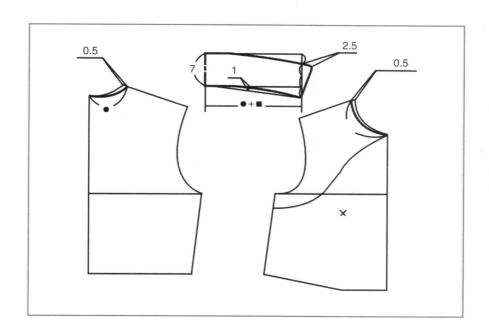

图3—16　凤仙领纸样设计

4. 连身领纸样设计

连身领纸样设计如图3－17所示。

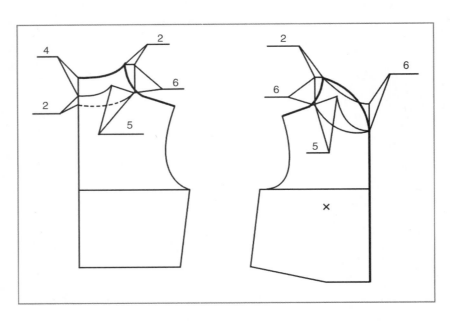

图3—17　连身领纸样设计

第四章　坦领纸样设计

一、坦领特点

坦领是指领座较低、领面平摊在肩背部的造型，是现代女装中的常用领型。其形式较为简单，不易受流行的影响。坦领可通过改变直开领的深浅、领宽的大小、领角的形状等来改变领子的造型。这种领型显得年轻、活泼、可爱。

二、坦领分类

1. 一般坦领

一般坦领是指领面完全翻倒，平服地贴在肩背部处，领宽等于肩缝长度的1/2左右（见图4-1）。一般坦领在进行纸样设计时，必须将前、后衣片的肩缝合并或在肩缝处重叠1.5~2cm的量，使坦领在颈部略有拱起以掩盖装领缝。一般坦领适用于衬衫或套装，其造型主要是由领围线和领角的形状决定的。领角设计为圆角时称之为圆角坦领，领角设计为方角时称之为方角坦领，领围线设计为波形时称之为花边坦领。

图4-1　一般坦领女装

2. 水兵领

水兵领的廓形特征是前领口为Ｖ字形，领宽占肩缝长度的2/3左右，后领呈方形并由肩点向前领口成弧线连接（见图4-2）。此种领型因多用于水兵制服而得名。水兵领利用领口开度与领外围线处的绲边、镶边等进行装饰，成为现代女装流行的领型，多用于夏季女装、连衣裙。夏季水兵领女装由于面料轻薄而柔软，所以衣领容易帖服于肩背部。实际穿用中希望衣领在后颈部拱起的量小些为好，在纸样设计时往往采用较小的肩部重叠量，一般为1.5cm。水兵领外套女装由于面料质地厚，悬垂性差，并且领口开度较大，为了使衣领帖服于肩背部，所以领外围尺寸宜小不宜大，纸样设计中需适当增加其肩部的重叠量，一般为2.5~6cm，或在后中线处适当减少领外围长度，使衣领后部拱起一定的高度。

3. 披肩领

披肩领的廓形特征是领宽大于肩宽，领面完全翻在衣身上，并在肩外侧呈自然下垂（见图4-3）。披肩领宽大而保暖，常用于现代女式时装外套。在披肩领的纸样设计中为了突出披肩领的飘逸和宽松自然的风格，往往使前后衣片纸样在肩部不重叠甚至加放一定宽松量，其加放量一般为0~6cm，以便使衣领在肩部垂下的余量不至于影响手臂的活动。

图4-2　水兵领女装

图4-3　披肩领女装

图4-4 褶边坦领女装

4. 褶边坦领

褶边坦领的廓形特征是衣身领口处犹如加装了较宽的装饰花边，衣领领围线呈现出波动褶（见图4-4）。褶边坦领在现代女士时装及礼服中应用较多。褶边坦领包括波褶坦领和缩褶坦领。

波褶坦领的纸样设计是利用一般坦领的纸样作剪开加放褶量而完成的，将坦领外围尺寸加放展宽，使领底口先弯曲，曲率增大，则成为波褶坦领。

缩褶坦领是将一般坦领的纸样分成几等分剪开后平行加放，则衣领纸样成为长条状，领底口线尺寸一般为衣身领口尺寸的1.5~2倍，装领时通过缩褶或叠褶使领口线与领口尺寸相吻合。

三、坦领纸样设计要点

在进行现代女装坦领纸样设计时，首先根据效果图确定衣身上的领窝造型，其次将前后片在肩缝处对齐，在其上绘制出领子的造型，最后将轮廓线修顺，即为坦领纸样图。但在实际操作中，往往采用装领线比领窝线偏直的做法，即将前后衣片在肩缝处重叠一部分，再做领子造型，修顺轮廓线。这样做有两个优点：一是可以使坦领的领止口线服帖在肩部，使领面平整；另一个是装领线弯曲度小于领窝线，形成一小部分底领，使装领线与领窝线接缝处隐蔽，使坦领在靠近颈部位置微微拱起。根据经验，肩端部的重叠量与底领的关系见表4-1所列。

表4-1 肩端部的重叠量与底领的关系 单位：cm

重叠量	底领高
1	0~0.4
2.5	0.6
3.8	1
5	1.5

四、坦领纸样设计

1. 方角坦领纸样设计

方角坦领纸样设计如图4-5所示。

图4-5　方角坦领纸样设计

2. 花边坦领纸样设计

花边坦领纸样设计如图4-6所示。

图4-6　花边坦领纸样设计

3. 圆角坦领纸样设计

圆角坦领纸样设计如图4－7所示。

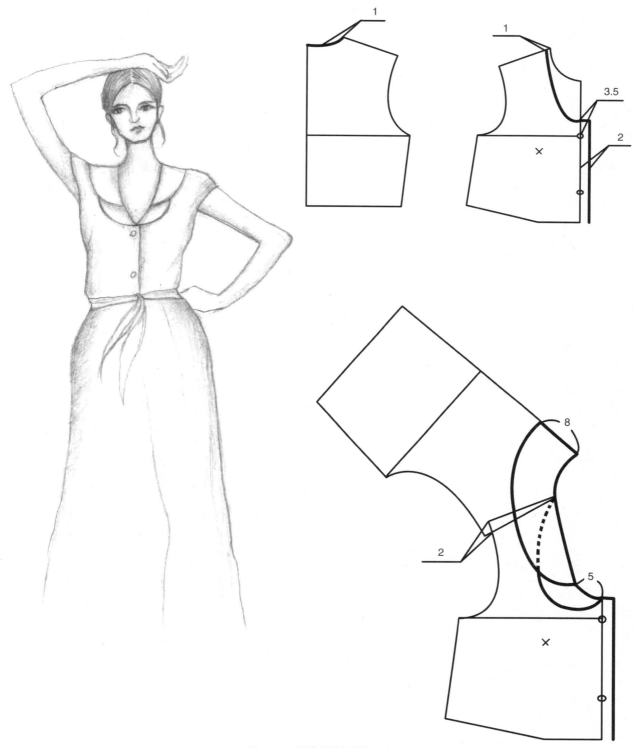

图4－7　圆角坦领纸样设计

4. 水兵领纸样设计

水兵领纸样设计如图4－8所示。

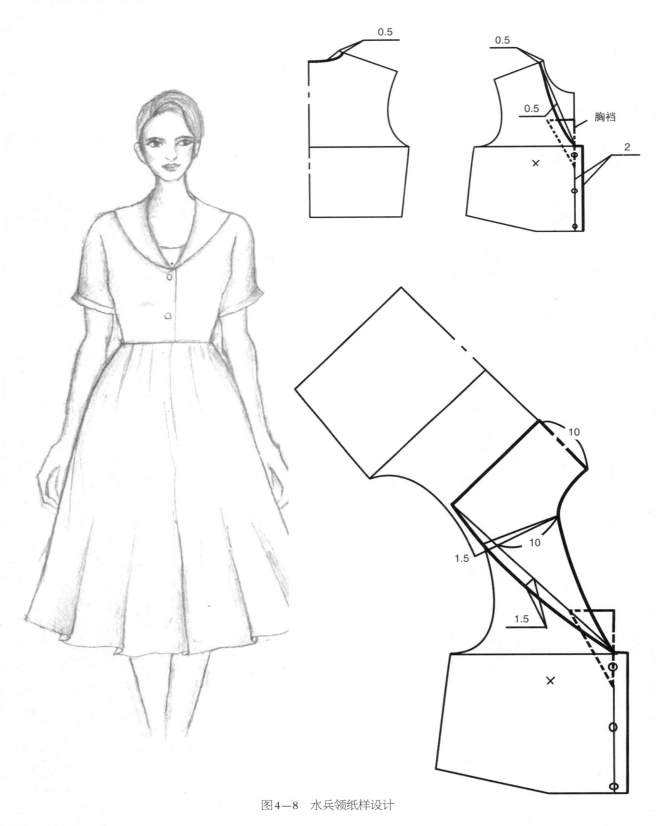

图4－8　水兵领纸样设计

5. 披肩领纸样设计

披肩领纸样设计如图4－9所示。

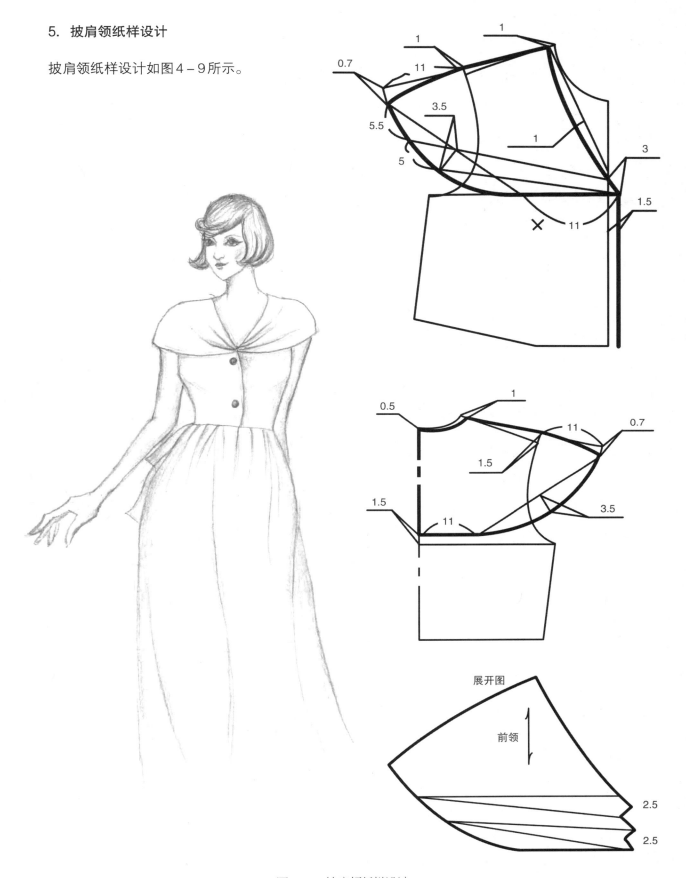

图4－9　披肩领纸样设计

6. 褶边坦领纸样设计

褶边坦领纸样设计如图 4 – 10 所示。

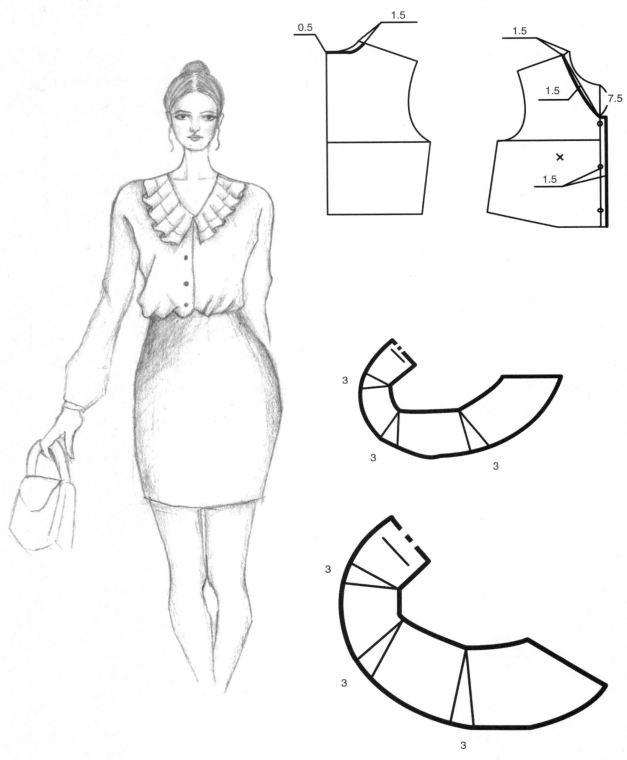

图 4—10　褶边坦领纸样设计

7. 缩褶坦领纸样设计

缩褶坦领纸样设计如图4 – 11所示。

图4—11　缩褶坦领纸样设计

5

第五章　翻领纸样设计

一、翻领特点

　　翻领是根据领子在人的颈部所呈现的状态而命名的，指穿在人体上的领子会自然向外翻出，由领座和领面组成（见图5-1）。最基本的翻领结构是翻领领面与领座连为一体，所以翻领有三条基本线（见图5-2）。

　　领外口线：A线为领外口线，它的长短和曲率变化，决定翻领松度及领座的高度。同时，A线的形态还直接影响领子成型后的外观效果。

　　领上口线：B线为领上口线，是翻领与领座的分界线，它的位置与形状受领子形状及翻领松度的制约。

　　领里口线：C线是领里口线，是领子与领圈的缝合线，它的长度在任何情况下都与领圈围度相等。C线曲率的改变会改变领外口线的长度及领座的高度。曲率越大，A线越长，B线至C线的距离变得越小，因而成型后的领子就越平；曲率越小，A线越短，B线至C线的距离增大，成型后的领子越高。

图5-1　翻领女装

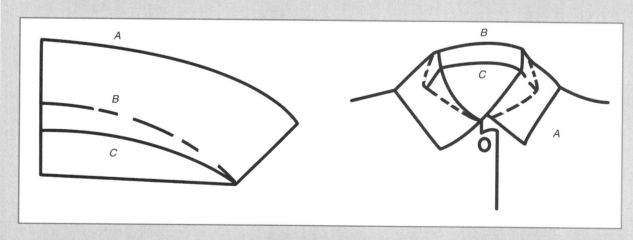

图5-2　翻领基本结构线

二、翻领分类

由立领作领座，翻领作领面两部分组合构成的领子叫翻立领，如衬衫领、中山装领。翻立领各部位名称如图5-3所示。

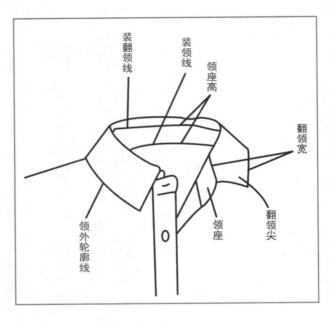

图5-3　翻立领各部位线条名称

为了简化工艺，将领座和翻领连成一体，形成具有柔和感的领型称为连翻领。连翻领各部位名称如图5-4所示。

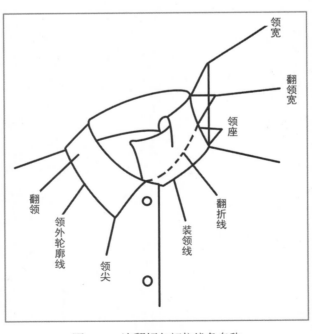

图5-4　连翻领各部位线条名称

三、翻领松量

根据翻领的造型要求，领子翻折后，翻领外口弧线的总长度必须与衣身上的对应位置覆合线保持一致，否则领外口围线的总长过大或过小，都将会出现领子外围过松，导致领子与衣身起空；或外围过紧，衣身起褶皱等弊病。现代女装翻领外口线的长短变化，与翻领松量有直接的影响，翻领松度过大，将导致翻领外口线长度过长；翻领松量过小，将导致翻领外口线长度过小。现代女装翻领松量主要与领座高和翻领宽、面料性能、人体体型、工艺因素4个因素有关。

1. 领座高和翻领宽

现代女装翻领保持良好造型的关键是使领口合体，翻领翻折自然，设计的技巧在于控制翻领松度。当领座高尺寸一定时，翻领尺寸越宽，翻领松度越大，翻领宽与翻领松度成正比关系；当翻领宽度一定时，领座高尺寸越大，翻领松度越小，领座宽度与翻领松度成反比关系。

2. 面料性能

现代女装翻领在领后中部存在一个外围与内围，外围与内围的差量与面料的厚薄有关，直接影响翻领外口线尺寸。在进行现代女装翻领纸样设计时，必须根据女装面料的厚薄，加放相应的松量，具体加放松量的数值可以通过测定女装面料的厚薄，再根据翻领领围尺寸大小来确定。

3. 人体体型

标准人体的肩斜度一般为20°～22°，小于20°称为平肩或端肩，大于22°称为溜肩。由于翻领主要平摊在人体前胸、肩和背部，因此，女性的肩部对翻领的平服性也有直接的影响作用。当领座高与翻领宽一定时，女性的肩斜度小于正常人体的肩斜度时，意味着翻领领止口线的长度将增大，松量应增大。肩部肌肉发达的体型，松量也应增大。

4. 工艺因素

现代女装在制作的过程中，为了增加女装的美观性和牢固度，在女装衣领的止口处需要缉装饰性明线。在缉装饰性明线的过程中，翻领往往会发生一定的收缩现象，为了使成品女装翻领的外口线符合规定尺寸，在进行现代女装翻领纸样设计时，必须根据工艺因素加入一定的松度。

四、翻领纸样设计原理

1. 翻立领纸样设计原理

翻立领的结构和人体的脖颈结构相符合，其特点是底领的领底线上翘，领面翻贴在底领上，这就要求领面和底领的结构恰恰相反，即底领上翘而领面下弯，领面的领外口线大于底领的领底线而翻贴在底领上。根据这种造型要求，底领上翘的量和领面下弯的量就应该呈正比，即底领领线的上翘弯曲度等于领面底面的下弯度（见图5-5），这时底领和领面的空隙度恰当，一般标准型的领子都属于这种结构。如果要改变底领和领面的空隙度，可以修正底领的领线和领面的领下口线的弯曲度比例。根据立领原理，领面下弯度小于底领上翘度，领面比较贴紧底领；反之，领面翻折后空隙较大，翻折线不固定，领型便有自然随意之感，如风衣领。但在实际过程中，由于面料存在一定厚度，领面下弯度一般为底领上翘度的1.5倍（衬衫领）。

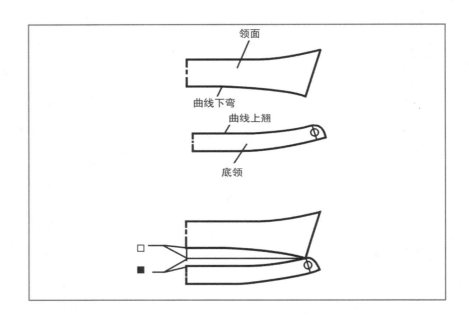

图5-5　翻立领基本结构

注：□ 底领上翘度　■ 领面上弯度

翻立领的纸样设计步骤如下：首先绘制出立领部分，测量前领窝弧线（▲）、后领窝弧线（●）和"★"的数值，确定前、后领宽，如图5-6所示画出立领，其中领片前端起翘量一般控制在1.5～2.0cm。测量"□"的数值和"■"的数值，"■"比"□"略大，通常取■＝（1.5～2）×□，"■"的数值与翻领的宽度有关联。然后依照翻领的尺寸绘制领片，翻领的下口线要与立领的上口线拼缝，它们的长度应相等，另外要注意使翻领上下轮廓线与后中心线垂直。翻领的领角部分与现代女装款式设计效果有关，可以根据设计作形状上的变化。

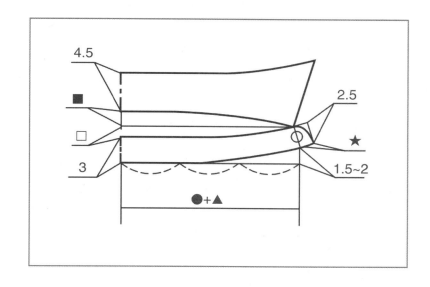

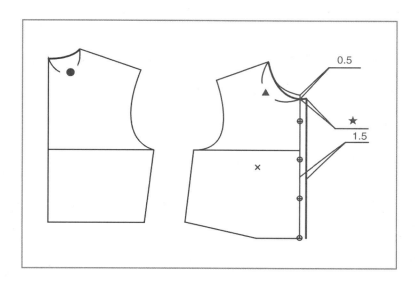

图5—6　翻立领纸样设计

　　翻立领领片的正确结果如图5-7a所示，将翻领与立领重叠，翻领应比立领高出少许（○），如此翻领与立领拼缝后，翻领的外围弧线AB可以保证有合适的松度。如果绘图时，"■" = "□"，翻领与立领重叠后，"○"的数值为零，翻领的外围弧线AB将没有足够的松度，如图5-7b所示。如果翻领的宽度较大，绘图时"■"的取值应增大，而"○"的数值也增大，翻领的外围弧线AB的松度增加，如图5-7c所示。

2. 连翻领纸样设计原理

　　连翻领纸样设计是所有翻领纸样设计的基础，因此对于充分理解其构成原理是非常重要的。我们应根据不同款式的需要，调整领圈尺寸并测量前后领圈弧线的长度（■、●）。参照设计效果我们可以在平面上绘出领子立体结构的模拟图，如图5-8所示，设定后底领宽为2.6cm，侧底领宽为2.1cm，后翻领宽为4.4cm，侧翻领宽为4.9cm，前领宽为7.0cm，然后按设计效果描绘出领子的轮廓造型，测量前、后领外围弧线的长度（◆、▼）。

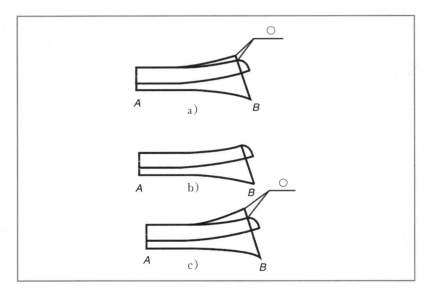

图5-7　翻立领翻领与底领的匹配关系

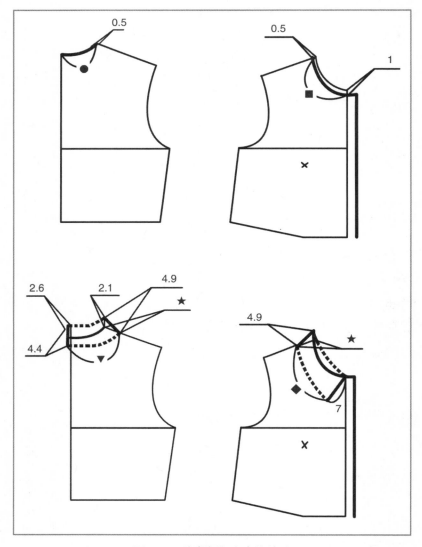

图5-8　连翻领与衣身的关系

以长方形为领片的基础模型，长度为■+●，宽度为领宽（7.0cm），长方形领片的领外围线与装领线长度相等，很显然领外围线的长度不足，这样的领片不能够自然翻折下来。将领片剪切、旋转，使领外围弧线增加长度，增加量=［（◆+▼）－（■+●）］，最后以圆顺的线条描绘修正轮廓线。经过这样的变化，领外围弧线的长度与立体结构模拟图上测量尺寸相吻合。

根据图5-9所示，▲=［（◆+▼）－（■+●）］/3，而"▲"值的变化影响了"Z"值，由此可推断"Z"值与领外围弧线的长度成比例关系，所以只要确定"Z"及领宽的数值并测量前、后领圈弧线的长度（■、●），就可以用简化的绘图方法画出领子裁片，其中的虚线为翻折线，领角的形状依设计而定。

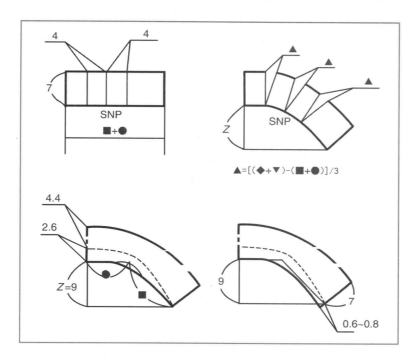

图5-9　连翻领纸样设计

如上所述，连翻领纸样设计的关键在于确定"Z"值，"Z"的取值决定了领外围弧线的长度和领子的立体造型。在领片宽度不变的前提下，连翻领的底领宽度越大，翻领宽度越小，领外围弧线的长度越小，［（◆+▼）－（■+●）］的数值也越小，则装领弧线的弧度越小，"Z"的数值也越小，反之亦然。表5-1列举的是当领片宽度为7.0cm时，不同的"Z"取值相对应的后底领宽及侧底领宽。下表所列举数据均为实验结果，仅供参考。

表5-1　连翻领后底领宽及侧底领宽关系　　　　　　　　单位：cm

	Z值	后底领宽	侧底领宽
A	1.5	3.2	2.7
B	3.0	2.9	2.5
C	4.5	2.8	2.4
D	6.0	2.6	2.1
E	7.5	2.4	1.8

五、翻领纸样设计

1. 衬衫领纸样设计

衬衫领纸样设计如图5－10所示。

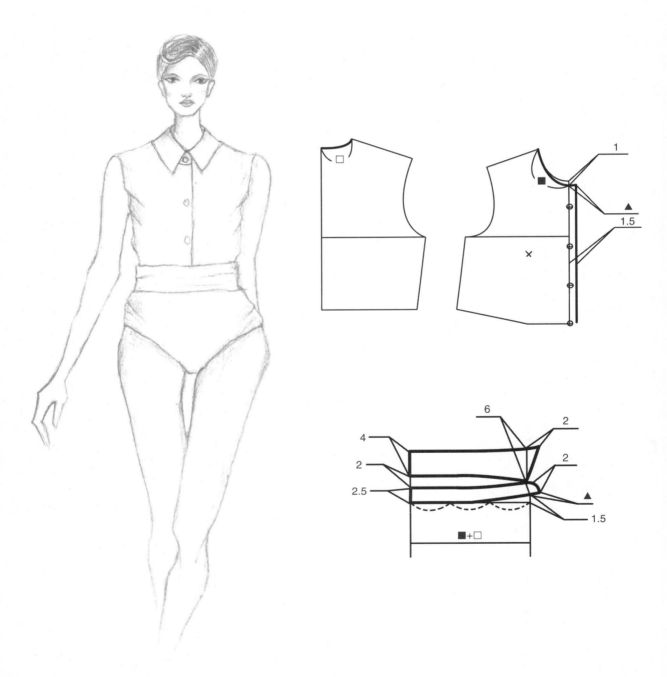

图5－10 衬衫领纸样设计

2. 风衣翻立领纸样设计

风衣翻立领纸样设计如图5－11所示。

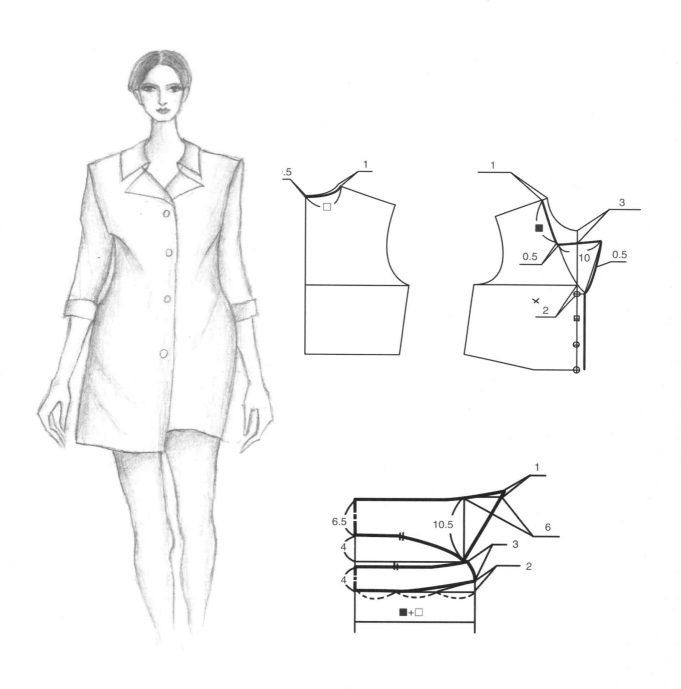

图5－11　风衣翻立领纸样设计

3. V字领口连翻领纸样设计

V字领口连翻领纸样设计如图5-12所示。

图5-12 V字领口连翻领纸样设计

4. 叠翻领纸样设计

叠翻领纸样设计如图5－13所示。

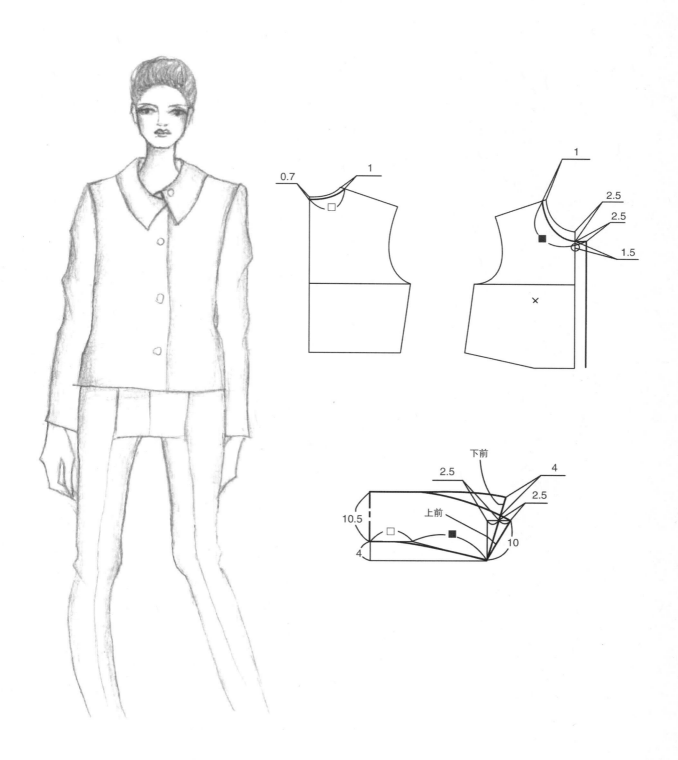

图5－13 叠翻领纸样设计

5. 登翻领纸样设计

登翻领纸样设计如图5-14所示。

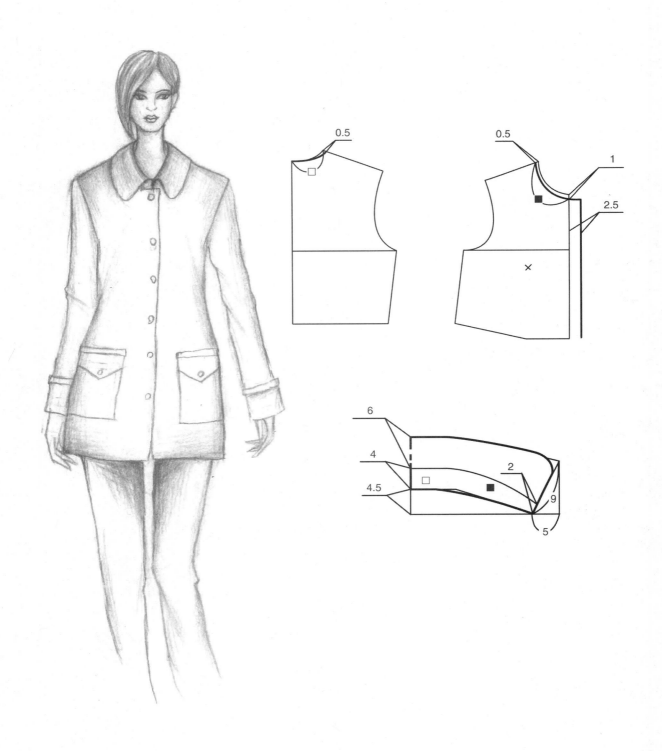

图5-14 登翻领纸样设计

6

一、翻驳领特点

翻驳领是由翻领和驳领两部分组成的一类领型，翻领与衣片领口缝合，驳领由衣片的挂面翻出而形成。翻驳领的外观式样及内在结构变化多样，设计上不拘一格，是现代女装设计中运用很广的领型。翻驳领的造型特点是前面平服于人体胸部，后面带有领座，形成前高后低的倾斜式领型（见图6-1）。

图6-1 翻驳领女装

二、翻驳领各部位线条名称

翻驳领各部位线条名称如图6-2所示。

三、翻驳领分类

翻驳领根据其外观形态、串口线、领嘴形状的不同，通常可以分为平驳领、戗驳领、连驳领三种类型。

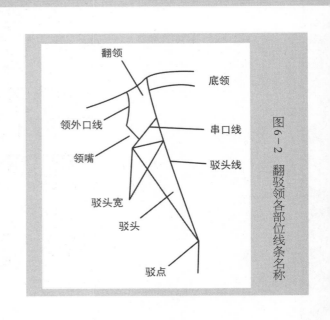

图6-2 翻驳领各部位线条名称

1. 平驳领

平驳领的廓形特征是肩领领角与驳头领角之间形成缺嘴，呈八字形，肩领与驳头之间的串口线为下斜的直线（见图6-3）。平驳领是女西装领的代表领型，其结构特点是驳领翻折止点在腰围线附近；驳头宽适中，即驳头角顶点至驳口线的垂直距离为7~8.5cm；肩领领嘴宽度小于或等于驳头缺嘴宽度，并且领嘴角小于或等于90°；肩领底口线的倾斜量为2.5~3.5cm。平驳领的驳领宽度与领角形状均可自由设计，还可开低领口，降低肩领，使领嘴位置下移，从而使现代女装平驳领的外观廓形产生较大的变化。

图6—3　平驳领女装

2. 戗驳领

戗驳领的廓形特征是驳领领角向上凸出呈锐角领角，驳领的缺嘴与翻领领嘴并齐，并使翻领与驳领在衔接处呈箭头形，故称"箭领"（见图6-4）。戗驳领常与双排扣搭门组合，用于女风衣和外套。戗驳领纸样设计的特点是翻领止点位于腰围线以下，戗驳领的领角造型，应保持与串口线和驳口线所形成的夹角相似，或大于该角度，这种配比不仅在造型上美观，更重要的是控制尖领角不宜过小，这样使翻领工艺变得简单，更容易使造型完美，尖领领角伸出的部分不宜超过肩领角的宽度，如肩领角度为3cm，翻驳领的宽度就应在6cm以内，否则领尖容易翘起影响造型。

3. 连驳领

连驳领是领面与挂面相连的领型，如青果领、丝瓜领、燕子领等。其特点是翻领领面与驳领领面间没有接缝线，领子与挂面连为一体，领里则与衣片分开，有接缝状（见图6-5）。领里与衣片的接缝形状比较灵活，只要在不影响外观造型的情况下，领里直开领的深与浅以及领口的形状（如方、圆、平、斜），可以根据制作工艺而加以选择。

图6—5　连驳领女装

图6—4　戗驳领女装

　　连驳领纸样设计的特点是先根据翻领止点和驳领宽度确定连驳领外围线的轮廓，再根据翻驳领倒伏量的确定原则，确定肩领底口线的倒伏量，由于无领嘴，倒伏量要适当加大。由于肩领领面与衣身挂面连裁成整体，而领里仍保留肩领与驳领的独立断缝结构，两者的纸样结构略有区别。利用前衣身纸样绘制的肩领可作为肩领领里，而肩领领面要与挂面并合绘制纸样。如果挂面的上端宽度至前领口转折点，便可连着肩领绘制出挂面纸样（见图6－6a）；如果挂面的上端宽度超过领口，则应将领口处挂面作挂面处理，这时就需要使挂面在领口转角处裁断，根据衣身领口轮廓线和挂面宽度绘制纸样（见图6－6b）；如果挂面上端宽度超过领口，也可连着肩领绘制挂面纸样，但需把重叠的量追加到挂面中（见图6－6c）。

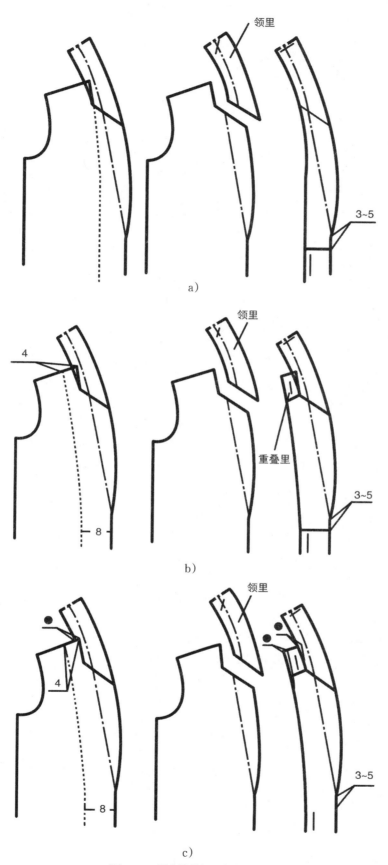

图6－6　连驳领挂面处理形式

四、翻驳领的纸样设计步骤

翻驳领的结构设计一般是直接在前衣身纸样上绘制衣领纸样（图6-7）。由于翻驳领的里面通常衬以硬领衬衣，所以要开大原型领线。根据面料的厚薄，侧颈点开大0.5~1cm，后颈点开落0.2~0.5cm，面料越厚，开落值越大，薄料可不开落，取原型领线。

1. 绘制后领窝弧线

在原型板的基础上，后领围线稍开大后，量取后领围尺寸■，见图6-7a所示。

2. 绘制驳头翻折线

先找出叠门宽2cm，然后再找出叠门与腰围线的交点作为驳点。从已经开宽的前颈侧点向外量出领座高减掉0.5cm，如果设领座高为2.5cm（此尺寸相对稳定），则该尺寸为2cm，从此点到驳点连线就为驳头翻折线，见图6-7b所示。

3. 绘制串口线和驳头宽

先从前颈点向下3~4cm作斜线与翻折线相交45°，此线为串口线。然后作垂直于翻驳线的驳头宽8cm与串口线相交，见图6-7c所示。

4. 绘制领口线和倒伏线

首先经过开宽的前颈侧点作驳头翻折线的平行线，此线向下与串口线相交，向上取后领弧长尺寸■。然后还是从开宽的前颈侧点开始再作一条直线，直线尺寸也为后领弧长尺寸■。两条后领弧长■直线之间的距离为2.5cm，此2.5cm就是西服领的倒伏量，见图6-7d所示。

5. 确定领嘴位置和后领宽位置

在串口线上由驳头宽点向上4cm为下领角，上领角＝下领角－0.5cm＝3.5cm，上下领角之间夹角为80°~90°。（此数据只适合传统西服的配比关系，时装款式的翻驳领可任意设定）。然后取后领宽6cm垂直于倒伏倾斜线，见图6-7e所示。

6. 绘制轮廓线

按图所示，分别把领外口线及驳头轮廓线画出，完成西服领结构设计的全部过程，见图6-7f所示。

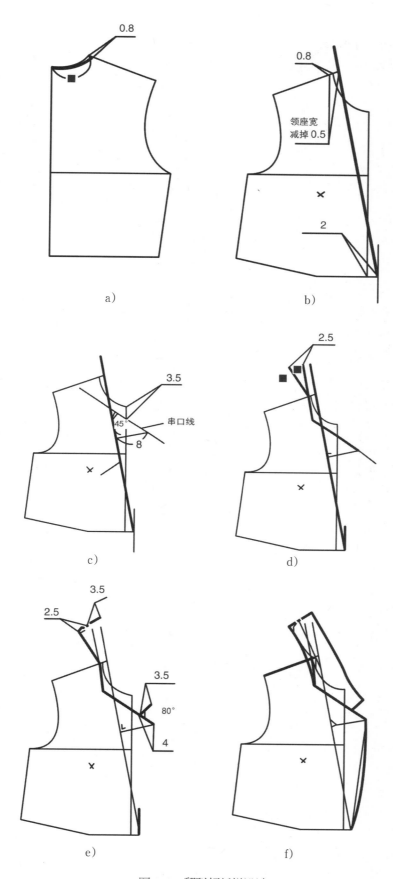

图6-7　翻驳领纸样设计

五、翻驳领倒伏量设计

　　倒伏量是翻驳领的特有结构，要使翻驳领造型优美，领面与肩、胸服帖的关键在于确定合适的倒伏量。倒伏量过大，意味着翻领的领面外围容量增大，可能产生翻折后的领面与肩胸不服帖。如果倒伏量为零或小于正常的用量，使肩领外围容量不足，可能使肩胸部挤出褶皱，同时领嘴拉大而不平整。因此，在纸样设计时，倒伏量的确定至关重要。首先按图6－8a、图6－8b所示在前后衣片上画出想要的领子，其次把前领形按图6－8c所示沿翻折线左右对称地拓下来，然后从前领口的位置开始画翻折线的平

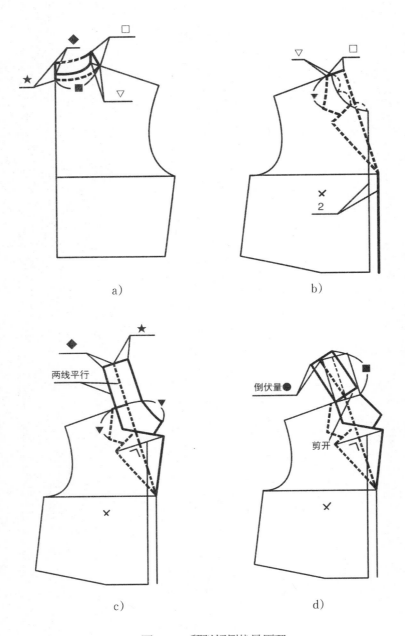

图6－8　翻驳领倒伏量原理

行线，取后领弧长■，再从它的垂直线上取领座高◆和领面宽★，最后同前领的外口线相连。因为在图6-8a中预设的后领外口尺寸■是必需的，所以按图6-8d所示在肩线的延长线上剪开，放出尺寸且使之与后领外口尺寸■等量。这样就确定了倒伏量，此倒伏量是从制图原理角度来进行确定的。从图6-8d所示可以看出，在领座高一定的情况下，领面宽越宽，后领外口尺寸■越大，因此倒伏量越大。但在实际情况下，倒伏量不仅与领面宽、领座高有关，还与面料、领嘴结构、制作工艺、肩的倾斜度、肌肉发达有关，以下将介绍翻驳领倒伏量的影响因素。

1. 领宽松量

一般翻驳领领面宽为4cm，领座高为3cm，领面宽比领座高要大1cm，其主要作用是盖住装领线，这时翻驳领的倒伏量一般为2.5cm，这是传统女西装领的采取尺寸。现在，随着服装款式的变化，有时领面宽需要加宽，如冬季服装，这种选择并不意味着领座高同时加宽，也就是说，领面增加的部分应向肩部外围延伸，而不是增加领座高，这就使得翻领外口线增大，必须通过增加倒伏量使设计的翻驳领外口线与实际想要的领外口线相等。领面宽与领座高差值所产生的倒伏量为 $(b-a)/2$，其中 b 为领面宽，a 为领座高。

2. 面料松量

不同的面料，由于采用不同的原料、纱线、织物组织、织造方法，其质地性能也不一样：有的柔软轻薄，如丝绸；有的硬挺厚重，如华达呢、制服呢等。材料的塑形性也不同，如华达呢、制服呢等，比较容易熨烫、归拔，因此对塑形性比较好的面料，可以在正常倒伏量的基础上，做0.5cm的微调。翻驳领是由领面、领里经过一定的工艺手段缝合，按照翻折线进行熨烫定型，因此，在进行翻驳领倒伏量的设计过程中，必需考虑面料的厚薄因素。由于不同面料所需的倒伏量不同，可按以下规定计算倒伏量：薄面料的倒伏量一般取1cm，如夏季服装；中厚面料的倒伏量一般取1.5cm，如春秋季服装；厚面料的倒伏量一般取2cm，如冬季大衣。

3. 调节松量

翻驳领的领嘴结构直接影响到翻驳领的倒伏量，因为不同的领嘴结构，对倒伏量的影响程度不同。如领嘴位于驳头翻折线上，这时，领嘴结构对倒伏量基本没有影响，因此其产生的倒伏量为0（见图6-9a）；如领嘴不位于驳头翻折线上，这时，领嘴结构对倒伏量有一定的制约效果，由其产生的倒伏量为1cm（见图6-9b）；如翻驳领没有领嘴，对倒伏量的制约作用比较大，稍有不慎，就会出现肩、胸部挤出褶皱，因此，这种领嘴结构产生的倒伏量比较大，一般取2cm左右（见图6-9c）。

4. 工艺松量

翻驳领的翻领是由翻领面与翻领里两部分进行缝合，在缝合的过程中，会产生一定的缝缩。有些款式的翻驳领，为了美化衣领的外观效果，增加衣领的牢固度，翻领的止口缉明线。对于这些款式，在纸样设计之前，需要测试缝率，来确定由于不同的制作工艺所需的倒伏量。

a）

b）

图6—9　不同款式翻驳领女装

c）

5. 体型松量

当领座高与领面宽一定时，肩的倾斜度的减小意味着领止口线的长度将增大，倒伏量应增大。肩部肌肉发达的体型，倒伏量也应增大。

值得注意的是，领宽松量、面料松量、调节松量、工艺松量、体型松量等影响往往同时出现，因此，在设计翻驳量倒伏量时，需要综合考虑以上因素来确定倒伏量，即倒伏量 $= a_1 + a_2 + a_3 + a_4 + a_5$。其中：$a_1$ 为领宽松量，$a_1 = (b - a)/2$（b 为领面宽，a 为领座高）；a_2 为面料松量；a_3 为调节松量；a_4 为工艺松量；a_5 为体型松量。

六、翻驳领纸样设计

1. 平驳领纸样设计

平驳领纸样设计如图6－10所示。

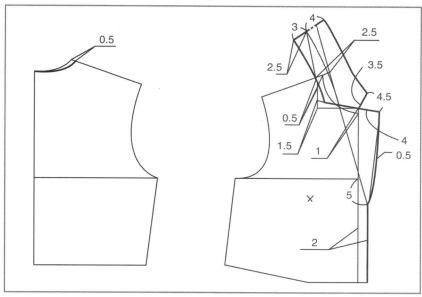

图6—10 平驳领纸样设计

2. 戗驳领纸样设计

戗驳领纸样设计如图6–11所示。

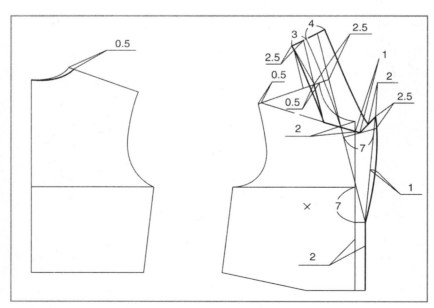

图6—11　戗驳领纸样设计

3. 青果领纸样设计

青果领纸样设计如图6－12所示。

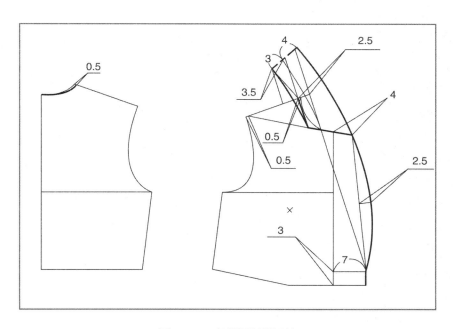

图6－12 青果领纸样设计

4. 蟹钳领纸样设计

蟹钳领纸样设计如图6－13所示。

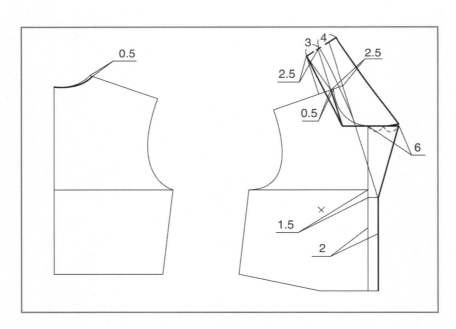

图6－13　蟹钳领纸样设计

5.　登驳领纸样设计

登驳领纸样设计如图6－14所示。

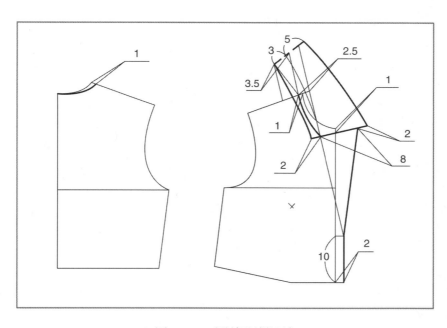

图6－14　登驳领纸样设计

6. 圆角西装领纸样设计

圆角西装领纸样设计如图6－15所示。

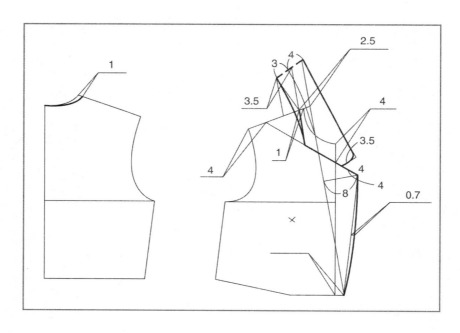

图6－15　圆角西装领纸样设计

7. 叠驳领纸样设计

叠驳领纸样设计如图6－16所示。

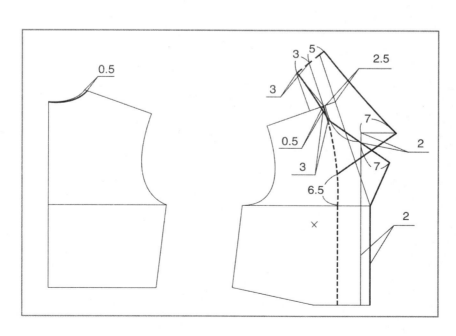

图6－16 叠驳领纸样设计

8. 燕子领纸样设计

燕子领纸样设计如图6－17所示。

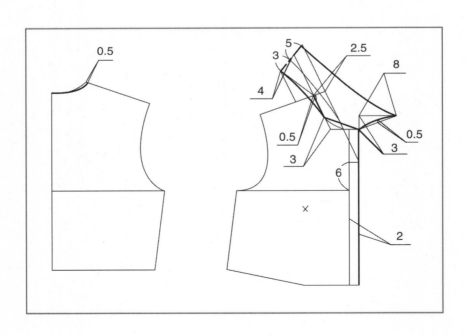

图6－17　燕子领纸样设计

9. 大刀领纸样设计

大刀领纸样设计如图6－18所示。

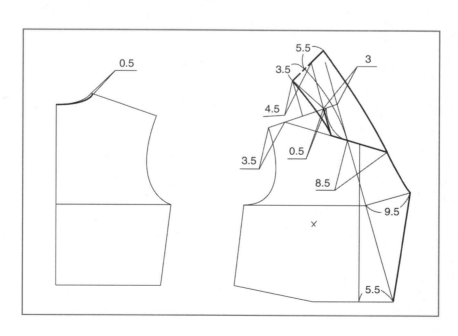

图6—18　大刀领纸样设计

10. 花边翻驳领纸样设计

花边翻驳领纸样设计如图6-19所示。

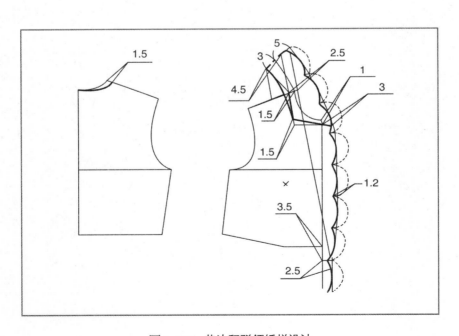

图6-19　花边翻驳领纸样设计

第七章　结带领纸样设计

一、结带领特点

结带领是在领子前端引出两条带子而系结出各种不同形状的领子。结带领是由两部分组成，即领子部分和带子部分，领子部分直接与衣片的领围线连接，装领止点要考虑打结的厚度，故要偏离前领围中心3～4cm。带子部分由领子直接延伸出来，用于系结。带子的长短、宽窄和形状以及系结方式的不同，都可形成不同的领型，如蝴蝶结领、围巾领、飘带领等。结带领宜选用丝绸、乔其纱、双绉等悬垂性好的织物来制作，结带领往往采用中性松度的设计，多用于夏季女装（见图7－1）。

图7－1　结带领女装

二、结带领分类

结带领按照其结构的不同可以分为分离结带领和连体结带领两种类型。分离结带领是由加装的衣领和饰带组合而成。连体结带领是将衣领的某一部位增加一段饰带长度而成。

三、结带领纸样设计

1. 分离结带领纸样设计

分离结带领纸样设计如图7－2所示。

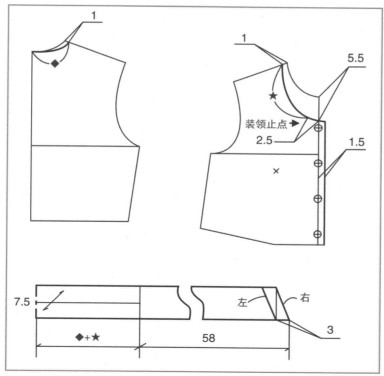

图7－2 分离结带领纸样设计

2. 连体结带领纸样设计

连体结带领纸样设计如图7-3所示。

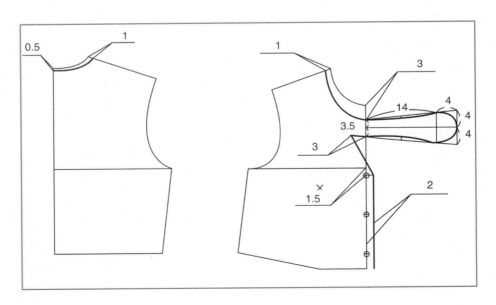

图7-3 连体结带领纸样设计

第八章　帽领纸样设计

一、帽领特点

作为人类特有的劳动成果，帽子可用于防寒避暑、礼仪装饰。帽子是一种常见的服饰配件，也是现代女装中不可或缺的重要组成部分，在现代女装中占有很重要的地位。帽子的有无可使相同的现代女装产生不同的视觉效果，新颖有特色的帽子更能使现代女装增辉。帽领纸样设计的好坏，直接影响到现代女装的美观合体性、着装舒适性和外观质量。帽领由于具备挡风御寒的功能，多用于休闲装、风衣及冬季外套，深受各年龄层次女性穿着者的喜爱（见图8–1）。

二、帽领分类

1. 按帽领与衣身结合方式分类

现代女装帽领按照帽子与衣片领口线缝合方式的不同，可以分为两种形式，即连帽领和分体帽领。

（1）连帽领

连帽领是现代女装中常见的一种领型，该领型的主要特点是帽领下口线与衣片领口线缝合在一起（见图8–2）。对于套头式的连帽领，在纸样设计的时候必须要考虑头部最大围度尺寸，从而保证在穿着的过程中头部能够顺利通过；对于开襟式连帽领，帽子的尺寸可以根据现代女装的款式要求进行设计。

（2）分体帽领

分体帽领也是现代女装中运用比较广泛的一种领型，该领型的主要特点是帽领下口线与衣片领下口线局部通过拉链和纽扣结合在一起，在穿着的过程中根据需要，可以将帽子与衣身分开（见图8–3）。对于分体帽领，从美观性角度来考虑，在纸样设计的时候要考虑帽领下口线弧度不能太大。

图8–1 帽领女装

图8–2 连帽领女装

图8–3 分体帽领女装

2. 按帽子裁片片数分类

现代女装帽领按照裁片片数可以分为多种类型，比较常见的有两片帽和三片帽两种类型。两片帽是由两片完全相等的帽片组成，在纸样设计时一定要注意帽片后中线的弧度一定要与人体头部后脑勺相吻合。三片帽是在两片帽的基础上，在后中线处进行分割，在工艺组合的过程中，缉上装饰性明线，从而增强现代女装的美观性。由于三片帽帽后片上口往往大于下口，所以在工艺组合的过程中，一定要注意帽后中片的上口和下口，以免把帽后片在缝制的过程中上下颠倒。

三、帽领结构设计要素

帽领可以看作是由翻领上部延伸而形成的帽子结构，是现代女装设计中应用极其广泛的一种领型。现代女装帽领结构设计的要素有四个，四要素的数值设置如下：

第一个要素是帽子前长，帽子前长是人体自头顶点经耳侧至前颈窝的距离○（见图8－4），在进行现代女装帽领纸样设计时，帽子前长需要加放○＋（3＋5cm），其中3cm是最小放松量，可脱卸的帽子要加上5cm，帽子前长一般取33cm。

第二个要素是帽子后长，帽子后长是在头部倾斜的状态下，量出头顶至后颈点的距离◎（见图8－4a），此数值包括纵向最低活动量。

第三个要素是经头部眉间点、头后突点围量一周的头围长，由于现代女装帽领不必包覆人体脸部，但考虑到现代女装帽领后部应该有松量，故帽宽基本可取头围的1/2数值，帽子头围一般取28cm（人体头围约为56cm）。

第四个要素是帽领翻下来形成的帽座量，帽座应视款式造型而定，一般现代女装的帽座量控制在0～3cm。

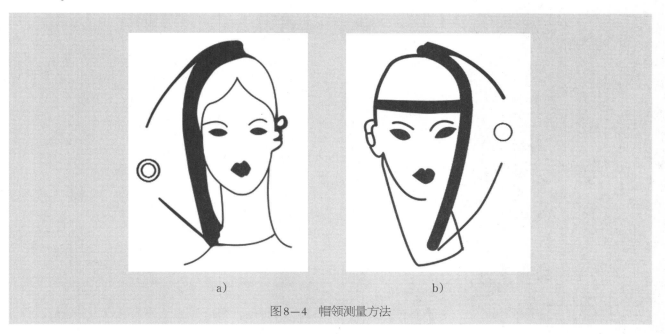

a)　　　　　　　　　　　　　　　b)

图8—4　帽领测量方法

四、帽领结构设计影响因素

1. 帽口线形状

现代女装的帽口线可以为直线和弧线，但要注意使帽口线与帽顶线的夹角为90°，以便帽口在顶缝拼接后止口平齐。冬季女装帽领还可以与搭门连在一起绘制，在前中加上立领高度。

2. 帽底线倾斜量

现代女装帽领的松度取决于帽底线的倾斜量，即帽底线的下弯程度与绘图时所确定的帽底水平线的位置密切相关（见图8-5）。在帽宽与帽高一定的情况下，如果水平辅助线高于侧颈点，如线①所示位置，帽底线的弯度增大，帽子后部位高度减小，帽子与头顶之间的间隙就会变小；当头部活动时，容易造成帽子向后部滑落。摘掉帽子后，帽子能自然摊在肩背部。如果水平辅助线低于侧颈点，如线②所示的位置，帽底线的弯度变小，但帽子后部位高度增大，为头部活动留有充分的空间；但头部活动时，帽子不易向后滑落，反会使帽口前倾，摘掉帽子后，帽子会围堆在颈部。

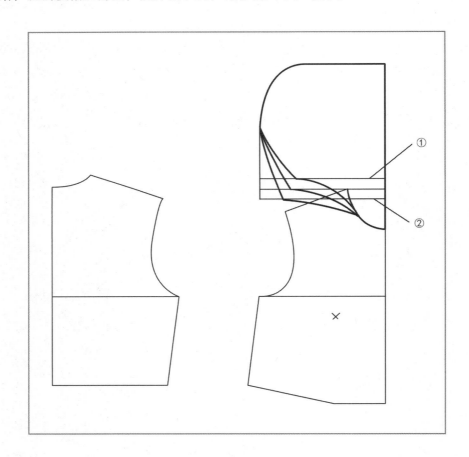

图8-5 帽底线倾斜量对现代女装帽领的影响

五、帽领纸样设计

1.　戴帽纸样设计

戴帽纸样设计如图8－6所示。

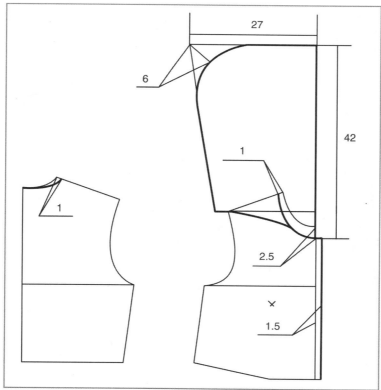

图8－6　戴帽纸样设计

2. 风帽纸样设计

风帽纸样设计如图8-7所示。

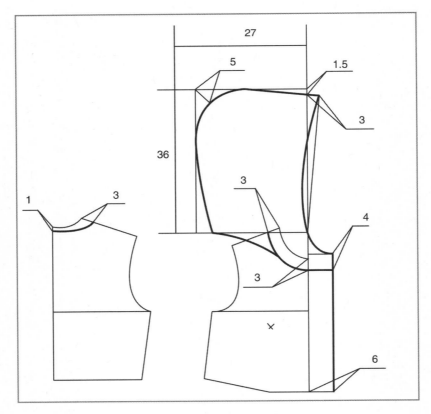

图8-7　风帽纸样设计

3. 驳领帽纸样设计

驳领帽纸样设计如图8－8所示。

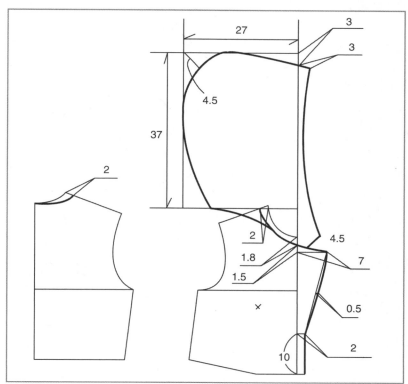

图8－8　驳领帽纸样设计

4. 袒帽纸样设计

袒帽纸样设计如图8-9所示。

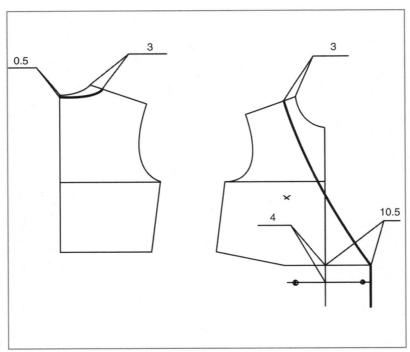

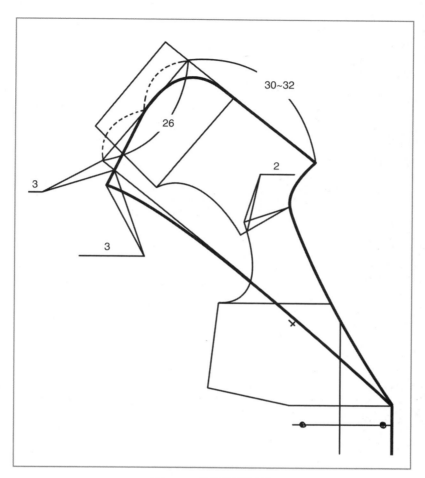

图8—9 袒帽纸样设计

参考文献

[1] 刘瑞璞. 服装纸样设计原理与应用 [M]. 北京：中国纺织出版社，2011.

[2] 张文斌. 服装结构设计 [M]. 北京：中国纺织出版社，2009.

[3] 吕学海. 服装结构设计与技法 [M]. 北京：中国纺织出版社，2004.

[4] 徐东，王晓云，陈迎. 实用服装细部裁剪技法：衣领 [M]. 北京：中国纺织出版社，1997.

[5] 鲍卫君，杨玉平，张芬芬. 服装裁剪实用手册衣领篇 [M]. 上海：东华大学出版社，2009.

[6] 宁驰. 女装结构设计原理 [M]. 上海：上海科学技术出版社，2000.

[7] 蔺明. 衣领设计裁剪大全 [M]. 青岛：青岛出版社，2000.

[8] 王晓云，杨秀丽，郑瑞平. 实用服装裁剪制板与样衣制作 [M]. 北京：化学出版社，2009.

[9] 彭立云. 服装结构制图与工艺 [M]. 南京：东南大学出版社，2005.

[10] 吴俊. 女装结构设计与应用 [M]. 北京：中国纺织出版社，2000.

[11] 甘应进，陈东生. 新编服装结构设计 [M]. 北京：中国轻工业出版社，2006.

[12] 周丽娅，周少华. 服装结构设计 [M]. 北京：中国纺织出版社，2002.

[13] 陈明艳. 女装结构设计与纸样 [M]. 上海：东华大学出版社，2010.

[14] 杨新华，李丰. 工业化成衣结构原理与制板女装篇 [M]. 北京：中国纺织出版社，2007.

[15] 李正. 服装结构设计教程 [M]. 上海：上海科学技术出版社，2002.

[16] 陈晓鹏. 最新女装结构设计 [M]. 上海：上海科学技术出版社，2000.

[17] 刘东. 服装结构设计（第二版）[M]. 北京：中国纺织出版社，2008.

［18］张中启，张欣，刘驰. 领型结构设计的研究［J］. 四川丝绸，2006（4）：43-45.

［19］张中启. 设计无领针织衫应考虑脸型与体型［J］. 中国制衣，2007（9）：54-55.

［20］张中启. 男式衬衫领纸样设计分析［J］. 国际纺织导报，2010（9）：72-77.

［21］张中启. 皮革服装立领分类及纸样设计研究［J］. 西部皮革，2011（11）：39-43.

［22］张中启. 皮革服装平驳领纸样设计研究［J］. 西部皮革，2011（12）：41-44.

［23］张中启. 针织毛衫V形领尺寸分析研究［J］. 毛纺科技，2011（10）：39-42.

［24］张中启. 皮革服装翻领纸样设计研究［J］. 西部皮革，2012（4）：41-45.

［25］张中启. 皮革服装帽领纸样设计研究［J］. 西部皮革，2012（7）：44-47.

［26］张中启. 皮革服装无领纸样设计研究［J］. 西部皮革，2014（2）：42-45.

［27］张中启. 皮革服装坦领纸样设计研究［J］. 西部皮革，2014（4）：52-54.

［28］张中启. 针织毛衫圆形领数学模型的建立［J］. 纺织学报，2014（1）：102-106.